大模型觉醒：
DeepSeek 引领 AI 新未来

When AI Awakens:
DeepSeek Charting the Future
of Intelligence

黄正杰　著

重庆出版集团　重庆出版社

图书在版编目（CIP）数据

大模型觉醒 ： DeepSeek引领AI新未来 / 黄正杰著.
重庆 ： 重庆出版社, 2025. 4. -- ISBN 978-7-229
-20137-1

Ⅰ. TP18

中国国家版本馆CIP数据核字第2025LH2081号

大模型觉醒:DeepSeek引领AI新未来

DA MOXING JUEXING:DeepSeek YINLING AI XIN WEILAI

黄正杰　著

策划编辑:陈渝生
责任编辑:黄陈诚　余　珇
责任校对:刘　刚
装帧设计:李南江

重庆出版集团
重 庆 出 版 社 **出版**

重庆市南岸区南滨路162号1幢　邮编:400061　http://www.cqph.com
重庆出版社有限责任公司品牌设计分公司制版
重庆市开源印务有限公司印刷
重庆出版社有限责任公司发行
全国新华书店经销

开本:889mm×1240mm　1/32　印张:6.25　字数:157千
2025年4月第1版　2025年4月第1次印刷
ISBN 978-7-229-20137-1

定价:69.80元

如有印装质量问题,请向本社书行分公司调换:023-61520678

前言

AI的浪潮正以前所未有的速度重塑着人类文明的图景，这是一场从微观神经元到宏观生态的壮丽迁徙。如果将AI的发展比作一场穿越时空的探险，那么从最初模拟生物神经元的初代感知机，到基于自注意力机制的万亿参数大模型，再到风靡全球的DeepSeek，前方出口的光亮引领AI在神经网络这条时空隧道里不断探索前行。

在这场认知革命的旅途中，AI见证了从简单到复杂、从模仿到创造的转变。初代感知机，那个模仿生物神经元工作方式的简单模型，就像是探险队伍中的先驱者，勇敢地迈出了第一步。随后，多层感知机、反向传播算法、正则化技术、CNN、RNN等一系列技术突破，就像是探险队伍中的勇士们，不断克服着前进路上的重重困难，将认知的边界一次次推向新的高度。

然而，在这场探险的征途中，AI也遇到了算力封锁与数据瓶颈这两座难以逾越的大山。就在这时，DeepSeek如同一股清新的风，带着颠覆式的创新力量，横空出世。它站在神经网络技术发展的十字路口，突破了传统大模型对数据和算力的强依赖，成功开辟了新航道。

DeepSeek的系统级创新，不仅仅在于它提出了全新的算法和模型，更在于它重新定义了大模型技术的发展路径。它打破了OpenAI推理模型闭源垄断的格局，实现了从闭源到开源的共享转变；它让AI的思考过程变得可见，让用户能够更直观地理解AI的决策依据；它降低了AI技术在产业落地的成本门槛，让更多人和企业能够享受到AI带来的便利与智能。

在这场始于模拟生物智能的旅程中，DeepSeek不仅是一次技术路线的新尝试，更是一次对人类智能本质的深刻探索。在算力、算法与数据的三重奏下，AI正以前所未有的速度向前发展，不断叩响着通向通用人工智能（AGI）的大门。

站在神经网络技术发展的历史视角上，读者能更清晰地看到DeepSeek所带来的系统级创新，对AI工具应用方式上的整体性颠覆，以及它对未来AI产业发展的深远影响。

目 录

前　言

第一篇：从神经元到小模型的小而美之路

1 - 智能起源：从神经元到感知机 **004**

❶ 生物神经元的启示：快递站里的信息传递 005

❷ 感知机：第一台“人工大脑”的诞生 006

❸ 激活函数：决策背后的“门槛法则” 006

❹ 参数：知识保存的关键 007

❺ 预训练、后训练与推理：贯穿神经网络发展的三大概念 008

❻ 感知机的“能力边界”与破局关键 010

2 - 认知跃迁：多层感知机的破冰之旅 **011**

❶ 从单细胞到脑网络：感知机的进化之路 011

❷ 隐藏层：打开认知维度的新钥匙 012

❸ 从“符号逻辑”到“模式涌现” 012

❹ 多层感知机：AI 发展的基石 014

❺ 多层感知机中的关键技术创新 014

3 - 深度觉醒：反向传播算法的突破 **015**

❶ 反馈优化下的性能提升 016

❷ 链式法则的认知革命 016

❸ 参数优化的工程奇迹 017
❹ 觉醒之路的技术启示 018

4 - 正则化：给学霸装上“防学习沉迷系统” 019
❶ 打破完美主义的魔咒 019
❷ 打破魔咒的方法论 020

5 - 视觉革命：CNN如何理解图像表达的含义 022
❶ CNN起源：从堆叠滤镜到深度学习 023
❷ CNN三大核心技术：卷积、池化与正则化 024
❸ CNN实战：图像识别的工业化革命 025
❹ 从像素到认知的跨越 026

6 - 语言解密：RNN如何理解文字背后的深意 026
❶ 从“字面意思”到“深层语义”的跨越 026
❷ RNN核心原理：带“记忆”的流水线 027
❸ RNN关键技术细节 027

第二篇：大模型的暴力美学时代

1 - Transformer革命：全局注意力如何重塑AI认知 034
❶ 文字的蜕变：从文本到序列的音乐之旅 035
❷ Transformer架构：编码器与解码器的协同 037
❸ 全局注意力机制：AI的“全景信息筛” 037
❹ 多头注意力机制：AI的“多声部合唱” 038
❺ 并行化革命：从“流水线”到“交响乐团” 039

2 - 架构裂变：编码器–解码器的分合之道 040
❶ 传统架构：编码器与解码器的协作 040

❷ BERT：纯编码器架构的全局视角观察家（专注于“看”） 041
❸ GPT：纯解码器架构的内容生成创作家（专注于“写”） 042
❹ 需求驱动的大模型架构演进之路 044

3 - 暴力美学：Scaling Law 揭示的效果密码 044
❶ 滚雪球的启示：Scaling Law 的奥秘 045
❷ 雪球效应的三大驱动引擎 045
❸ 暴力美学的工程实践 047
❹ 知识刻入“参数”的过程揭秘 047

4 - 中文突围：文心大模型的实体掩码创新 050
❶ 实体掩码：AI 理解中文的破冰之旅 051
❷ 实体掩码技术的设计原理 051
❸ 像玩乐高一样玩转实体掩码技术 052
❹ 创新突破：从“填鸭式学习”到“启发式教学” 053
❺ 实战案例：技术概念到落地应用的跨越 054

5 - 底层优化：GPU+CUDA 的硬件加速体系构建 055
❶ GPU：AI 时代的“工业引擎” 056
❷ CUDA：算力世界的“操作系统” 058
❸ 算力背后的全球竞赛 059
❹ 打破垄断的“安卓式”突围 060
❺ 硬件体系技术细节深度解读 060

第三篇：DeepSeek 开启的效率美学新纪元

1 - DeepSeek 的创新之路：重塑 AI 效率美学 066

2 - 出圈之作：开源的推理大模型 R1 069

❶ R1：开源推理大模型的曙光 069
❷ R1引领的AI技术突破 070
❸ R1探索的用户体验创新 071
❹ R1带来的成本全面降低 071

3 - 盘点R1的主要创新技术 072
❶ 架构优化：多头潜在注意力（MLA）机制 072
❷ 训练革命：多模型多阶段联合训练的进阶之路 076
❸ 算法进化：混合专家架构MoE的效率跃升 081
❹ 工程突破：多令牌预测MTP提升性能 085
❺ 底层切入：PTX级编程为降低算力门槛提供了新思路 088

4 - 开源战略：加速AI生态的全新洗牌 091
❶ 开源战略：技术普惠的催化剂 091
❷ 开源战略对AI生态的影响 092
❸ 开源战略对国际科技发展格局的影响 093
❹ 开源战略对产业盈利模式的影响 093
❺ 开源生态的指数级效应 094

第四篇：DeepSeek提示词高阶实战新策略

1 - 一个操作，真正用上R1大模型 098
❶ 使用官网问答 099
❷ 使用第三方平台问答 101

2 - 两类模型，秒懂提示词策略的进阶使用 104
❶ CoT详解 105
❷ CoT成为了两类大模型的能力边界 107

❸ 通用大模型的提示词工程策略 108
❹ 推理大模型的提示词工程策略 118

3 - 三条指令，瞬间提升AI回复质量 123
❶ 指令一：哪里不对改哪里 124
❷ 指令二：反问提问 129
❸ 指令三：给出参考案例 133

4 - 四步流程，打造文案类任务万能公式 158

5 - 五种方式，DeepSeek联用其他工具 160

6 - 六项措施，减轻推理大模型幻觉 161
❶ “幻觉”问题如何降低？ 161
❷ 高阶指南 163

7 - 七大误区，跳出AI使用的常见陷阱 163
❶ 误区一：把AI工具当搜索引擎使用 163
❷ 误区二：给通用模型的指令太过简单 164
❸ 误区三：给推理模型加入太多限制条件 164
❹ 误区四：过度依赖AI工具，陷入成长陷阱 164
❺ 误区五：对尝试新工具上瘾，陷入效率陷阱 164
❻ 误区六：简单问题复杂化，陷入“必须AI”陷阱 165
❼ 误区七：工具应用单一化，陷入局部视野陷阱 165

第五篇：倍速到来的AI产业新未来

1 - 企业落地范式：DeepSeek推动从“+AI”到“AI+”的路径转换 170

❶ 从“+AI”到“AI+”：一场认知的颠覆 170

❷ 是否要进行企业级的“AI+”重构：一场理性的抉择 171

❸ 如何进行企业级的“AI+”重构：一场智慧的布局 172

2 - 行业盈利方式：DeepSeek 引领的 AI 企业模型开源应用免费整体发展趋势 173

❶ DeepSeek给行业带来的鲇鱼效应 174

❷ 现有的大型软硬件生态盈利模式分析 174

❸ DeepSeek生态中的三类企业及其盈利模式分析 175

❹ 围绕DeepSeek可能出现的盈利形式分析 176

3 - 产业生态模式：以 DeepSeek 为中心的软硬件生态加速完善 179

❶ 第三方云服务平台：全面上线DeepSeek大模型 179

❷ 第三方应用平台：各类应用全面接入DeepSeek-R1模型 180

❸ 硬件厂商：国产算力硬件服务商的崛起 180

❹ 智能化终端：边缘计算赋能各种穿戴场景 181

❺ 生态构建模式：参与者自发主动的生态进化 182

4 - 创业可能形式：DeepSeek 拉平多元市场主体起跑线 182

❶ 安全标准提升：智能安全与安全智能需求激增 183

❷ 企业级服务普及：私有化部署服务成为新标准 185

❸ 消费级应用成为AI创业主战场 187

第 一 篇

从神经元到小模型的小而美之路

When AI Awakens:
DeepSeek Charting the Future
of Intelligence

AI模型演进的历史，就是人类对智能本质的不懈探索史。从1943年神经元模型的初次亮相，到1956年达特茅斯会议上“人工智能（Artificial Intelligence，简称AI）”概念的正式提出，AI的成长之旅就像是一个蹒跚学步的孩子，逐渐成长为一个充满智慧的探索者。

在这个成长的过程中，AI就像是一个渴望知识的学生，它需要反向传播机制这位“家教”来指导学习，提升能力。同时，为了防止它“沉迷”于学习，变成只去记忆书本知识的“书呆子”，“正则化”这位“老师”需要适时地介入，确保它的学习既高效又健康。

随着AI的不断成长，它开始渴望拥有更加敏锐的“感官”。这时，CNN[①]（卷积神经网络）算法应运而生，为AI赋予了“超级视觉”。CNN通过模拟人眼的视觉处理机制，能够高效地提取图像中的特征信息。当基于CNN的ResNet算法[②]在ImageNet竞赛[③]中将错误率从传统算法的20%降低到5%以下时，机器第一次真正“看见”了世界。

与此同时，AI也在努力提升自己的“语言能力”。传统的

① CNN：卷积神经网络，其是深度学习中的一种重要算法，特别擅长处理网格结构数据，如图像。它通过卷积层、池化层和全连接层等结构，能够自动提取图像中的特征，从而减少对手工特征工程的依赖。CNN在图像分类、目标检测等领域有广泛应用。

② ResNet算法：2015年提出的深度CNN模型，通过“跳跃连接”解决深层网络训练难题，大幅提升图像识别精度。它允许信号跨层传输，解决了传统CNN超过20层后精度下降的问题，ImageNet错误率从7%降到3.6%。

③ ImageNet竞赛：2009-2017年举办的年度计算机视觉比赛（斯坦福大学发起），提供1400万标注图像。ImageNet竞赛对计算机视觉算法的发展起到了重要的推动作用。

RNN[①]（递归神经网络）虽然能够处理时序数据，但在处理长序列时却面临着梯度消失或梯度“爆炸”的问题。这时，LSTM[②]（长短时记忆网络）作为RNN的一种变体，通过引入门控机制，成功克服了这一挑战，显著提升了对时序数据的建模能力。LSTM的出现，让NLP[③]（自然语言处理）领域迎来了新的曙光，使得AI能够更好地理解人类语言，从规则词典的束缚中解放出来，迈进自然语言处理的实用化时代。

在21世纪初期，随着基于CNN和RNN的小型模型不断迭代和升级，AI技术进入产业落地应用阶段，全面推动了工业智能化的进程。

1：智能起源：从神经元到感知机

要理解AI的起点，首先要回到最基础的单元——神经元[④]。想象一下，如果想要建造一座摩天大楼，首先需要了解每一块砖的结构，同理，AI的诞生也离不开神经元这一基础单元的贡献。

---

① RNN：递归神经网络，是一种用于处理序列数据的神经网络。它通过循环结构捕捉数据中的依赖关系，适用于时间序列预测、自然语言处理等领域。

② LSTM：长短时记忆网络，是一种时间循环神经网络，旨在解决RNN的长期依赖问题。LSTM通过输入门、遗忘门和输出门等结构，控制信息的流动，从而更有效地捕捉和记忆序列数据中的长期依赖关系。它适用于处理和预测时间序列中的重要事件。

③ NLP：自然语言处理，是让计算机接受并理解人类自然语言输入，然后返回期望结果的领域。NLP的目标是让机器能够理解人类的语言，从而实现更自然的人机交互。

④ 神经元：神经组织的基本单位，包括细胞体和突起两部分。神经元接收、整合和传递信息，是神经系统结构和功能的基本单元。在神经网络中，神经元通过模拟生物神经元的结构和功能，实现信息的处理和分析。

❶ 生物神经元的启示：快递站里的信息传递

人脑中有约860亿到1000亿个神经元，每个神经元都像是一座微型“快递站”。树突[①]就像是快递站的入口，负责接收来自其他神经元的“包裹”（电信号）；细胞体则是分拣中心，负责整合这些信号；而轴突[②]则像是一条运输带，将整合后的信号传递给下一个神经元。当接收到的信号总量超过某个阈值时，这个“快递站”就会“发车”，将信号传递出去，这就是神经元的“全或无”原则。比如，当你的手指不小心碰到热水时，成千上万个神经元会同时“发车”，让你瞬间缩回手。

图1-1

有趣的是，1943年麦卡洛克（McCulloch）和皮茨（Pitts）设计的MCP模型[③]正是受到了这种机制的启发。他们将神经元简化为一个逻辑开关：当输入信号的加权求和超过阈值时，输出为1（激活），否则输出为0（静默）。这就像快递站规定“只有包裹量超过一定数量才发车”，而每个包裹的重量（即输入信号的“权重”）决定了它对触发发车的贡献。

---

① 树突：神经元的树枝状突起，负责接收其他神经元传来的兴奋，并将其转递至胞体。树突棘是兴奋的转递点，能够扩大接受兴奋的面积。在神经网络中，树突的结构和功能被模拟以实现信息的接收和传递。

②轴突：神经元的长突起结构，负责将神经冲动从胞体传递至其他神经元、肌肉或腺体。在神经网络中，轴突的功能被模拟为信息传输的通道，确保信号在神经元之间的定向传导。

③ MCP模型：1943年提出的首个神经元数学模型（McCulloch-Pitts神经模型的缩写），用“输入加权求和+阈值判断”模拟生物神经元。

❷ 感知机：第一台“人工大脑”的诞生

受到生物神经元的启发，1958年心理学家罗森布拉特（Rosenblatt）制造了历史上首个感知机“Mark I”——这就是神经网络最初的样子。它的功能类似于一台“图像识别器”：通过光电管阵列来捕捉图像信息，并通过算法调整权重。比如，当输入字母“A”和“B”时，机器会逐步学会区分两者的笔画特征。

这里的关键在于“权重调整”这个概念。想象一下，你正在教一个孩子区分猫和狗。孩子看到尖耳朵（特征1）可能认为是猫，但看到短尾巴（特征2）又犹豫不决。感知机的学习过程就像是你不断告诉孩子：“尖耳朵的权重加1分，短尾巴减0.5分，总分超过某个值才是猫。”通过成千上万次的试错，感知机最终能准确分类，这就是“监督学习”的雏形。

图1-2

❸ 激活函数：决策背后的“门槛法则[①]”

感知机的核心在于非线性激活函数，它就像是公司决定是否启动项目时的“门槛法则”。公司会评估市场调研结果、资金储备数

① 门槛法则：神经元激活的判断标准，当输入信号总和超过阈值时才触发输出。例如设定阈值为0.5：输入总和0.6→激活；0.4→不激活。现代神经网络用ReLU等函数替代了简单的阈值判断。

据、技术能力指标等多个因素（输入），每个因素都有不同的权重。只有当加权总分超过董事会设定的阈值时，项目才会被通过，这正是一个阶跃函数的决策过程。

图 1–3

然而，单一的阈值也有其局限性。比如，当你想要判断一杯饮料是否好喝时，除了甜度（权重高）和酸度（权重低），还需要考虑温度、香气等复杂因素。此时，简单的“是/否”判断就难以捕捉这些微妙差异了。所以，为了适应更为复杂的决策场景，激活函数也变得越来越复杂。

❹ 参数：知识保存的关键

什么是参数？参数是指模型内部所有可学习（通过算法自动调整）的变量，神经网络就是通过参数来“记忆”知识的。例如，我们经常在新闻上听到，某某公司发布了一个32B大模型，“32B”就是指的参数量，“B”是指的10亿参数，那么“32B”就是指的这个大模型有320亿参数量。

如果把训练AI模型比作培育一座智慧森林，那么模型的参数就如同土壤中的养分配比、根系网络的拓扑结构以及光合作用的速率阈值——它不直接定义“如何生长”，却能通过种子基因（数据）、气候周期（训练）、生态协同（参数交互）的动态平衡，让知识像年轮般在时间的催化下自然沉淀成形。

❺ 预训练、后训练与推理：贯穿神经网络发展的三大概念

从最初的感知机诞生到现在的DeepSeek爆火，“预训练”“后训练”和“推理”这几个关键概念，始终贯穿在神经网络技术的发展之中。它们如同神经网络的基石，共同支撑起了现代AI技术的辉煌大厦。

预训练，就像是给神经网络这位“学生”上的基础通识课程，模型参数会在通识课程的学习中改变。

在这个阶段，神经网络会接触到海量的、多样化的数据，这些数据涵盖了各个领域的知识，就像是一部百科全书。神经网络的任务就是学习这些数据中的通用特征和规律，为后续的特定任务打下坚实的基础。

这个过程就像是学生在大学期间广泛学习各种基础知识，虽然这些知识并不直接针对某个具体职业，但却能够为未来的职业发展提供无限可能。预训练使得神经网络具备了一定的泛化能力，能够在面对新领域或新任务时快速适应。

图 1–4

后训练是指在预训练模型的基础上，针对特定的任务或数据集进行的额外训练过程。

这一阶段通常包括监督微调（Supervised Fine-Tuning，简称SFT）和基于人类反馈的强化学习（Reinforcement Learning from Human Feedback，简称RLHF）等方法，旨在优化模型在特定任务上的性能，模型参数要发生改变。

这个阶段就像是学生毕业后进入职场，开始接受针对性的职业培训。在后训练过程中，神经网络会根据特定任务的需求，对预训练阶段学到的通用特征进行微调，使其更加适应特定任务的要求。这个过程通常涉及较少的标注数据，因为神经网络已经具备了一定的基础能力，只需要通过少量的数据进行“精雕细琢”即可。后训练使得神经网络能够更加精准地解决特定问题，提升其在实际应用中的性能。

图 1–5

推理，则是神经网络在预训练和后训练完成后，面对新问题时展现出的能力。通俗而言，我们使用神经网络完成实际任务的过

图 1-6

程，就是推理。

这个过程不再需要调整权重或参数，而是直接利用训练好的模型进行计算，完成各类任务。就像是学生经过多年的课堂学习和职业培训，进入工作岗位，运用所学知识解决实际问题一样。

在推理阶段，神经网络能够快速地对新的、未见过的数据进行处理和分析，并给出准确的预测或分类结果。

从早期的感知机到如今的 DeepSeek 等现代 AI 技术，预训练、后训练和推理这三个核心概念始终贯穿其中。它们共同构成了神经网络的核心能力体系，使得神经网络能够在各种复杂的应用场景中展现出强大的学习和推理能力。

❻ 感知机的"能力边界"与破局关键

尽管当时的感知机（单层感知机）能够解决一些线性可分的问题（如区分圆形和方形），但它对异或[①]（XOR）问题却束手无策。

那什么是异或问题呢？

举个例子，你想只用身高和体重两个指标组合来判断一个运动员是否适合打篮球：如果两类人的身高和体重分布呈交叉状（比如高瘦的人和矮壮的人都有可能成为优秀的篮球运动员），那么永远

① 异或：一种数学运算符，用于逻辑运算和计算机中的位运算。当两个输入值不同时，异或运算输出为真（1），否则输出为假（0）。异或运算在计算机科学中有广泛应用，如数据加密、错误检测等。

没有办法做出完全正确的判断。这就是一个典型的异或问题。同理，单层感知机无法画出正确的分界线。

那么，当单层感知机受限于线性可分问题时，工程师们是如何突破认知边界的呢？

图 1-7

2：认知跃迁：多层感知机的破冰之旅

在上一节中，提到了单层感知机受限于线性可分问题，无法处理如“异或”这样的非线性关系。那么，工程师们是如何突破这一认知边界的呢？答案就是多层感知机（MLP）的诞生。

❶ 从单细胞到脑网络：感知机的进化之路

如果把单层感知机比作一颗智能的种子，那么多层感知机就是这颗种子生长出的参天大树。1958年，弗兰克·罗森布拉特发明的单层感知机虽然只能处理线性可分问题，但它为多层感知机的诞生奠定了基础。多层感知机通过引入隐藏层，模仿了人类大脑皮层的褶皱结构，使得神经网络能够处理更加复杂的非线性问题。

❷ 隐藏层：打开认知维度的新钥匙

多层感知机的革命性突破在于隐藏层的引入。

隐藏层在神经网络中扮演着关键角色，类似于烹饪过程中各种精细的处理步骤，它们为神经网络提供了丰富的特征提取和转换能力。如果将数据分类任务比作烹饪一顿饭菜，那么输入层可以视为食材的准备阶段，负责接收和预处理原始数据；隐藏层则相当于烹饪中的切割、调配和预煮等关键环节，通过多层神经元的非线性变换，逐级提炼和组合输入特征；最终，输出层呈现出的是经过精心烹制的大餐成品。

每个隐藏层神经元都承担着特定的特征变换任务，而神经元的参数则调节着这些变换的精细程度，共同构成了神经网络高效处理数据的“配方”。

图 1−8

❸ 从“符号逻辑”到“模式涌现”

多层感知机通过数据驱动的方式，让机器能够自主“发现”规则。例如，有一个识别手写数字的任务。在训练识别手写数字的多层感知机时，输入层接收“28×28”像素的灰度值（784个节点），隐藏层逐步提取笔画走向、闭合区域等特征，输出层对应0–9的数字概率。这个过程就像儿童通过反复观察字帖，逐渐形成对“数字形态”的直觉，而非死记硬背每个像素的位置。

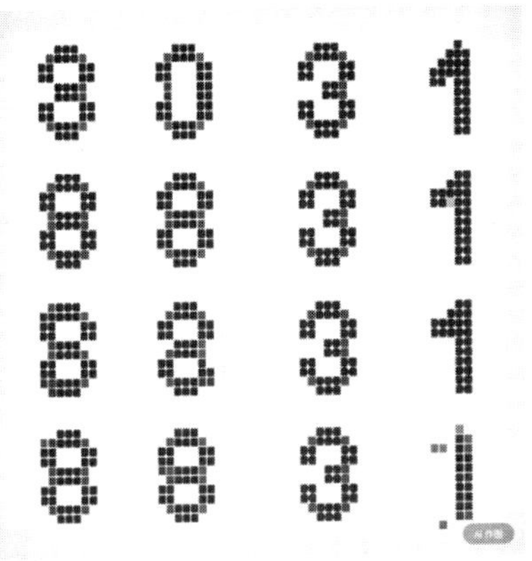

图1–9

但在多层感知机出现前，早期AI探索主要基于规则的符号系统（如专家系统），在处理问题时高度依赖已经定义好的规则来进行推理和决策。

还是用上面这个手写数字识别任务为例，要用符号系统的方式完成识别任务，用户需要为每一个数字定义一套详细的规则。

这些规则可能包括笔画的形状、方向、长度、连接关系等特征。以手写数字“0”和“1”为例，用户可能需要定义如下规则：

数字0的规则：

形状：数字0通常是一个完整的闭环，没有断点。

笔画：由一条连续且闭合的曲线组成，无明显的直线段。

面积：占据图像的大部分区域，内部空白区域较小。

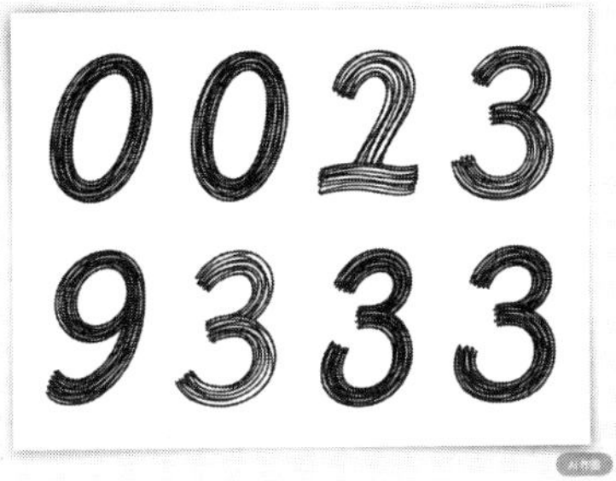

图1–10

所以，多层感知机将之前每个任务都要人来“定义规则”的模式进化为机器自动学习“生成规则”，将AI发展往前推了一大步。

❹ 多层感知机：AI发展的基石

多层感知机在现实世界中取得了许多令人瞩目的成果。例如，2012年AlexNet在ImageNet竞赛中获胜，其CNN的基本原型就是多层感知机。它将图像分块处理，逐层抽取局部特征，最终实现精准分类。另一个经典案例是AlphaGo[①]的初期版本，其策略网络通过多层感知机分析棋盘局势，逐步抽象出围棋概念，最终输出落子概率。

❺ 多层感知机中的关键技术创新

在多层感知机中，升级版的激活函数起到了至关重要的作用。

在“第一篇第一章第一节——感知机：第一台‘人工大脑’的诞生”中提到，初代感知机其实也有简单的激活函数。但在多层感知机中，激活函数升级为了满足不同场景需求的多种高级版激活函数。比如，ReLU函数[②]就像一位严格的质检员，只允许高于质检标准的产品通过质量检测。在神经网络中，这就是允许正向信号通过，负值都会被归零处理。

多层感知机（MLP）的参数规模可以相当庞大，其具体数量取决于网络架构和层中神经元的数量。例如，在某些设计下，一个包含单个隐藏层的三层感知机可能拥有数万至数十万个神经元。复杂的神经网络，配合不断升级进化的激活函数，使得多层感知机的学习能力有了质的飞跃，能够拟合出任意复杂程度的曲线，完成各种现实中的复杂任务。

这种突破不仅是技术上的革新，更是思维范式的转换。它为

① AlphaGo：由谷歌DeepMind开发的AlphaGo，是首个击败人类职业围棋选手和世界冠军的人工智能。其核心原理是深度学习和强化学习，通过大量围棋对弈数据训练神经网络，从而达到高水平对弈。

② ReLU函数：深度学习中常用激活函数，常用于CNN和深层神经网络。它通过将输入的负数部分置0，保持正数部分，引入非线性，增强网络表达能力。

后来的CNN、RNN、Transformer等架构的发展打好了地基，包括DeepSeek发布的大模型，本质上也还是由最基本的多层感知机发展而来。

图 1-11

那么，当多层感知机已经能够处理复杂非线性问题时，其输出效果还有进一步提升的空间吗？

3：深度觉醒：反向传播算法的突破

在人类认知发展的历程中，“觉醒”往往意味着开始对事物运行规律有了更加深刻的理解，这其中通常离不开一个重要行为——反思。

而AI领域的“深度觉醒”，则始于多层感知机处理复杂非线性问题之后的又一个新突破——反向传播算法的引入。这项技术如同给机器装上了“自我纠偏的神经回路”，让冰冷的代码具备了类似生物神经系统的反思学习能力，使AI在多层感知机的基础上实现了更深层次的觉醒，进一步提升了AI的认知能力。

❶ 反馈优化下的性能提升

假设一个刚入职的质检员小李，他的任务是检查工厂流水线上的零件尺寸是否符合标准。最初，他只能凭经验判断零件是否合格，但在不断接收错误信息反馈并持续调整方法提高后，他逐渐能够精准识别缺陷并预测机器需要调试的部位。这种通过错误反馈来优化判断能力的过程，就是反向传播算法的核心逻辑。

图 1-12

在深度神经网络中，每个神经元都像是流水线上的质检工位。前向传播时，数据包像传送带上的零件一样依次经过各层检测（输入层—隐藏层—输出层）。当最终成品与标准件存在偏差时，系统会像经验丰富的车间主管一样，沿着传送带反向行走，逐层告知每个工位如何调整参数以减少误差。这种误差的反向传递机制，使得整个系统变成了具有自我反思修正能力的有机体，通过不断训练和修正（多轮反思），图像识别准确率可以显著提升，甚至超越人类水平。

❷ 链式法则的认知革命

要理解反向传播算法的精妙之处，读者可以设想儿童学骑自行车的情景。当孩子第一次摔倒时，他会本能地从“没骑好车”这个结果倒推原因，调整自己的姿势和力量，以避免再次摔倒。这种从结果倒推原因的方式，从逻辑上讲，就是反向传播。

不同之处在于，这个孩子是如何学会骑车的。如果只是凭借每次调整后的方法不断试错，依赖环境给出的反馈去成长，就类似于“强化学习”；如果有人指导，每次和这个孩子讲解错在哪里，正确的是怎么样的，就类似于“监督学习”。

在反向传播算法中，当AI模型对某个任务的预测结果与实际结果（人工标注结果）相比较出现误差时，链式法则会分解这个误差到各个网络层，并逐层计算每个参数对误差的贡献度。就像乐器调音师通过音叉的基准音高逐步校准琴弦张力、共鸣箱形状和击弦机灵敏度之间的关系一样，反向传播算法通过层层递进的梯度计算，让每个参数都找到自己的“基准音”，从而优化整个模型的表现。当模型表现达到最优状态时，所有的参数就基本不再出现大的变化。一般会把这时的参数保存下来，每次要使用时，就加载使用这套参数进行推理计算。

❸ 参数优化的工程奇迹

随着AI模型参数规模的不断增加，如何高效地管理和优化这些参数成为了一个巨大的挑战。以GPT-3模型为例，其参数规模达到了1750亿个，相当于给每个地球居民分配了23个专属调节旋钮。为了管理如此庞大的系统，工程师们借鉴了城市交通疏导的智慧。

计算图优化技术如同城市规划师绘制立体交通网一样，将复杂的矩阵运算转化为可并行处理的数据流，大大提高了计算效率。英伟达的Tensor Core[①]（张量计算核心）技术就像建设了八车道的神经网络高速公路，使参数更新速度得到了显著提升。

---

① Tensor Core：NVIDIA开发的新型处理核心支持混合精度计算，能动态调整算力以提升吞吐量，同时保持准确性。该核心广泛应用于深度学习和科学计算，加速矩阵等密集型计算任务。

图 1-13

❹ 觉醒之路的技术启示

反向传播算法的引入不仅解决了多层感知机在参数优化方面的难题，还推动了AI在更深层次上的认知觉醒。所以，真正的智能并非一蹴而就的顿悟，而是千万次梯度下降积累的认知跃迁。通过不断质疑和调整输出结果，AI模型能够逐渐发现知识的内在关联和规律，从而实现更加精准和高效的预测和决策。

站在DeepSeek引领的AI革命潮头，本书希望呈现给读者的，不只是AI的进化之路，还有人类认知模式的跃迁之路。模仿人类“反思学习”提出的神经网络“反向传播算法”，不仅大幅提升了AI模型的预测效果，更为人类探索智能的奥秘提供了新的视角和工具——这是AI成长路上的一小步，却是人类探索通用人工智能（AGI）路上的一大步。

4 正则化：给学霸装上“防学习沉迷系统”

在上一节中，我们探讨了反向传播算法如何赋予AI前所未有的学习能力。然而，一个随之而来的问题就是：当AI学得太多时，会不会变成一个只会死记硬背的“书呆子”，无法灵活应对需要举一反三的场景。

图1-14

这种担心不是没有道理，这种现象在机器学习中被称为“过拟合”。想象一下，一个学生如果整天埋头于“五年高考三年模拟”，把每道题目都背得滚瓜烂熟，但一遇到创新题型就手足无措，这不正是“过拟合”的写照吗？

❶ 打破完美主义的魔咒

幸运的是，工程师们为AI找到了一种解决方案——正则化技术[①]。正则化就像给学霸们装上了一套“防学习沉迷系统”，让他们在保持学习热情的同时，避免陷入死记硬背的泥潭。

想象一下，GPT-3这位拥有1750亿参数的超级大脑，它渴望

① 正则化技术：通过向损失函数添加正则化项或罚项，防止模型过拟合的技术。常见的正则化方法包括L1正则化、L2正则化、Dropout等。正则化技术能够提高模型的泛化能力，减少模型在未知数据上的预测误差。

记住训练数据中的每一个细节。然而，正是这种对已有知识细节的过度关注，让它在面对新问题时总是希望去已有知识里找答案，没有办法跳出现有信息去完成新的任务。正则化这套“防学习沉迷系统”，就是要去打破AI的“完美主义”魔咒。

❷ 打破魔咒的方法论

图 1-15

特征选择（L1正则化）：L1正则化是一种特征选择技术，它通过向损失函数添加一个与模型参数绝对值之和成正比的惩罚项来优化模型。这个惩罚项会帮助模型的参数向零收缩，从而实现参数的稀疏化，让模型更加专注于重要的特征。

这就像定期清理学生的“文具盒”，只保留最关键的“几支笔”。

权重衰减（L2正则化）：L2正则化是一种通过向损失函数添加与模型参数平方和成正比的惩罚项来优化模型的技术。这个惩罚项对模型参数施加了“温和约束”，防止它们变得过大，从而避免模型过度拟合训练数据的细枝末节。通过L2正则化，模型能够更泛化地对新数据进行预测，提高其鲁棒性①。

这种约束可以类比为给学生设置每日记忆知识量的上限，以确保他不会沉迷于细节而忽视整体知识的掌握。

---

① 鲁棒性：指系统在面临内部结构或外部环境的改变时，能够维持其功能稳定运行的能力。鲁棒性广泛应用于计算机科学、控制科学与工程、生物学等领域。一个鲁棒的系统能够在各种不确定性和干扰下保持其性能。

图 1-16

随机休假（Dropout）：在每次训练迭代中，都随机让一部分神经元“休假”，即关闭一部分神经元，以减少神经元之间的依赖和协同适应，从而引入随机性，强制网络不依赖单个神经元，增强模型的泛化能力和鲁棒性。需要注意的是，Dropout 仅在训练过程中使用，而在模型进行推理预测时，所有神经元都会参与计算。

图 1-17

这就像在做练习题时，每次只随机做一部分题目，以确保对所有题目都有掌握，而不是只熟悉其中固定的某一部分。

图 1-18

早停（Early Stopping）：早停是通过监控验证集上的性能来防止模型过拟合，当验证集性能在指定的轮次（称为耐心值，patience）内未改善时，训练过程将提前终止。这样做有助于选择性能最佳的模型，避免模型在训练集上过度拟合。

这就像小学生在学习过程中，老师会根据模拟考试的成绩来调整学习进度。如果连续几次模拟考试成绩都没有提升，老师就会建议学生暂停当前的学习计划，避免过度专注于已经掌握的知识点，而忽视了其他需要学习的内容。

正则化技术为AI装上了“防学习沉迷系统”，让AI在保持强大学习能力的同时，避免了过拟合（学成“书呆子”）的风险。

5 视觉革命：CNN如何理解图像表达的含义

在上一节中，我们探讨了正则化技术如何完善AI的认知能力，使其在保持强大学习能力的同时，避免了过拟合的风险，成为了一名能“学以致用”的真正学霸。

❶ CNN起源：从堆叠滤镜到深度学习

在AI的成长中，计算机视觉（Computer Vision，简称CV）一直是AI能力发展的重点领域。当自动驾驶汽车在雨夜中准确识别行人时，这种瞬间感知世界的能力，才真正触及人类智慧的核心——图像认知。CNN正是这场视觉革命的奠基者，它用层层递进的神经元结构，赋予机器一双“理解现实世界的眼睛”。

想象你的AI助手正在帮你整理一本相册，现在这张照片是一张猫。思考一下，AI助手要如何判断出这是一只猫呢？

在CNN出现以前，传统的基于手工特征工程的图像处理方法需要先手动切割照片，再用文字描述每张照片的特征，但这一过程效率低下且容易出错。

CNN的诞生，模拟了人脑处理图像的方式，通过引入“局部感受野”的概念，显著提高了图像处理的效率和准确性。“局部感受野”是CNN中的一个核心概念，它指的是神经网络中每个神经元只处理输入图像的某一部分区域，而不是整个图像。在CNN中，卷积层是实现局部感受野的关键组件。卷积层通过一组滤波器（也叫卷积核）对输入图像进行卷积运算，从而提取出图像的不同特征。这些滤波器就像一张张透明的滤镜，每个滤镜都专注于捕捉图像的一种特定特征。

图 1-19

边缘检测滤镜：类似于侦探使用放大镜寻找细小裂痕，它能够捕捉物体的轮廓和边缘信息。

颜色敏感滤镜：类似于画家使用不同色卡区分色调，它能够提取图像中的色彩信息。

纹理分析滤镜：类似于地质学家使用显微镜识别岩石结构，它能够捕捉图像表面的细节和纹理信息。

这些滤镜在卷积层中层层叠加，形成更深层次的神经网络，将图片原始像素转化为具体的分类结果，最终得到“这张照片是猫”的判断。

❷ CNN三大核心技术：卷积、池化与正则化

CNN通过层级化的特征提取与信息压缩机制实现图像理解，其核心架构包含三类关键技术：卷积、池化和正则化。三者的协同作用使CNN能够从像素级输入逐步抽象出语义级表征。

卷积层：像素点的微观世界。卷积操作就像用放大镜扫描图像，每个滤镜在局部区域（如“3×3”像素）提取特征，再将结果传递给深度神经网络的下一层。例如，训练CNN识别猫时，底层滤镜可能捕捉毛发纹理，而高层滤镜则整合这些特征形成“猫脸”概念。

池化层：信息压缩的艺术。池化层通过降采样缩小特征图尺寸，保留关键信息。最大池化[①]（Max-Pooling）技术相当于摄影师从模糊照片中挑出最清晰部分（关键特征），既能减少数据冗余，又保持位置信息的鲁棒性。这种“丢弃不重要细节”的机制，让CNN在面对图像旋转、缩放时依然稳定。

正则化：避免过度依赖“明星神经元”。效果显著提升的明星网络AlexNet在2012年使用了Dropout技术，就像训练足球队时让最

① 最大池化：是一种降采样操作，通常用于卷积神经网络中。最大池化取局部接受域中值最大的点，用于降低特征图的空间尺寸，减少参数量和计算量，同时保留重要的特征信息。最大池化能够提高神经网络的计算效率和泛化能力。

佳射手偶尔休息，迫使其他球员提升能力。在训练过程中，随机“关闭”部分神经元，迫使网络不依赖单一特征，从而增强泛化能力。这种策略直接将ImageNet竞赛的错误率大幅降低，标志着视觉AI的里程碑突破。

❸ CNN实战：图像识别的工业化革命

CNN的突破远不止于学术领域，它推动了一场视觉认知的工业化革命。

以特斯拉的Autopilot系统[①]为例，这一系统通过CNN实时解析车载摄像头捕捉的数据，实现了对车道线、行人以及其他障碍物的精确识别。这不仅要求CNN能够快速处理大量的图像数据，还必须在各种复杂环境下，如黑夜或雨雾中，保持高精度识别。特斯拉Autopilot的核心技术之一就是多尺度特征融合机制。这种机制允许CNN在不同尺度上提取图像特征，从而在各种光照和天气条件下都能保持稳健的识别性能。简单来说，多尺度特征融合就是让CNN能够“看到”图像的不同细节层次，这就像是用放大镜和望远镜同时观

图1-20

① Autopilot系统：特斯拉的自动驾驶系统，包括自适应巡航控制、自动转向、自动变道等功能。

察同一个物体，既能捕捉到宏观的结构，也能发现微观的细节。

❹ 从像素到认知的跨越

CNN的崛起，是机器模拟人类智能的一个重要里程碑。它用数学语言解码人眼的奥秘，用硅基神经元重现皮层的联想。当我们驾车穿越城市，每秒百万次的CNN计算正默默守护安全；当我们网购时，它分秒间解析亿级商品图库，并在“相似推荐”区域展示CNN“看到”的相似图片产品。这场视觉革命仍在加速——让机器不仅能“看见”，更能“理解”这个多彩世界。

在AI成长的路上，“看懂”（计算机视觉）和“听懂”（自然语言处理）一直是重点发展的两项能力。当CNN在图像领域大放异彩时，NLP领域却仍在文字迷宫中徘徊。

6 语言解密：RNN如何理解文字背后的深意

在上一节中，我们探讨了卷积神经网络CNN在图像领域的卓越表现，同时也提出了NLP领域在理解文字深意上的挑战。

❶ 从“字面意思”到“深层语义”的跨越

想象一下，你正在读一本侦探小说，每一页的文字不仅传递了表面的剧情，还暗藏着人物动机、伏笔线索，甚至需要结合前文才能理解的隐喻。人类之所以能捕捉这些“言外之意”，是因为大脑具有时序记忆和上下文联想的能力。对于机器来说，理解文字背后的深意曾是巨大的挑战。早期的语言模型像是一台老式打字机，只能机械地匹配单词的统计规律，无法分辨不同语境下同一单词的不同含义。直到1986年循环神经网络（RNN）的出现，机器才真正开始模仿人类的“阅读思维”。

图 1-21

❷ RNN 核心原理：带“记忆”的流水线

读者可以把RNN想象成一条不断运转的智能流水线。当它处理“我爱自然语言处理”这句话时，就像流水线处理产品一样：

第一道工序：收到“我”字，不仅分析其字义，还会生成一个记忆胶囊（隐藏状态），记录“主语出现”的上下文信号。

第二道工序：处理“爱”字时，流水线会调取前一步的记忆胶囊，结合当前字符，更新为“主语+动作”的组合记忆。

第三道工序：遇到“自然语言处理”时，记忆胶囊已包含完整的主谓结构，最终输出符合语法逻辑的语义理解。

这个过程如同厨师熬汤，每一勺新食材的加入都会与锅中已有的汤汁发生化学反应，最终的风味取决于所有材料的叠加效应，以及材料加入的先后顺序。

❸ RNN 关键技术细节

隐藏状态的魔法

隐藏状态在RNN中本质上是一种数据表示，通常以数字矩阵

（或向量）的形式存在。例如，当RNN处理“bank”（银行；河岸）这个词时，根据不同的语境，隐藏状态会携带不同的特定信息或特征。例如，在“I went to the bank to withdraw money”（我去银行取钱）的语境中，隐藏状态会强调“金融机构”（financial institution）的特征；而在“The bank of the river is covered with moss”（河岸的银行长满青苔）的句子里，同样的词会触发与“河流边缘”（river edge）相关的特征。这种动态编码能力，使得RNN能够像人类一样根据上下文来消除歧义。

时间序列的奥秘

时间序列，作为数据的一种重要形式，记录着随时间变化的数据点，蕴含着事物发展的规律和趋势。而RNN的独特之处，恰恰在于它能够在时间维度上进行自我循环，这一特性使得RNN在处理时间序列数据时展现出非凡的能力。

以天气预报为例，这是一个典型的时间序列预测问题。天气预报需要根据过去的天气情况来预测未来的天气变化，其中温度是一个关键的预测指标。RNN模型在处理这类问题时，会依据前一天的天气情况，如温度、湿度、风速等，来预测第二天的温度。这种预测并不是一次性的，而是随着时间的推移，模型会不断接收新的实际温度数据，并据此修正自己的预测。

图 1-22

这种链式反应的过程，就像多米诺骨牌的连锁效应一样，前序时间步的预测都会影响到后续时间步的预测。RNN通过这种机制，能够捕捉到时间序列中的长距离依赖关系。也就是说，它不仅能够考虑到近期的天气情况，还能够“记住”更久远的天气模式，从而在预测时更加准确。

记忆容量的突破

早期的RNN有个致命缺陷——当处理长文本时，模型会像金鱼一样“忘记”开头的内容。工程师们通过对RNN进行优化得到“长短期记忆网络”（LSTM）解决了这个问题。相对RNN，LSTM引入了三道控制闸门：输入门决定哪些新信息值得收录；遗忘门剔除过时信息；输出门控制信息输出的颗粒度。这套机制让模型可以记住长文本中的关键信息。[①]

想象一下，你正在阅读一本长篇小说。早期的RNN型大脑有一个问题：当你读到小说的后半部分时，很可能会忘记小说开头的情节和细节。这是因为你的RNN型大脑在处理大量信息时，很难长时间保持对早期信息的记忆。

为了解决这个问题，我们的大脑升级为了LSTM型大脑。它在阅读过程中有三项特殊技能：

输入门：大脑在阅读时，会仔细筛选每一个新情节和细节。它就像一个过滤器，只记录下那些真正重要、值得记住的信息。这就像你在阅读时，大脑会提醒：“嘿，这段情节很重要，别忘了记下来！”

遗忘门：随着时间的推移，小说中可能会出现一些过时的信息或者与主线无关的情节。大脑会帮你剔除这些信息，防止它们干扰你对主要情节的记忆。它就像在说：“这段情节已经不重要了，我们可以把它忘掉。”

输出门：当你需要回顾小说的情节或者进行总结时，大脑会帮

① NLP领域输入门、遗忘门、输出门：这些门控机制是LSTM中的关键结构，用于控制信息的流动。这些机制让LSTM能够更有效地捕捉和记忆序列数据中的长期依赖关系。

你整理并输出那些关键信息。它不仅能让你回忆起小说中的重要情节，还能帮你理解这些情节之间的联系。

有了这个LSTM型大脑，你就能够轻松地记住长篇小说中的关键信息，即使小说再长，你也不会像金鱼一样“忘记”开头的情节了。

以CNN、RNN和LSTM为代表的小模型在特定场景中表现出色，然而随着场景的变化，性能差异显著。那么，我们该如何解决这一问题呢？

第 二 篇

大模型的暴力美学时代

When AI Awakens:
DeepSeek Charting the Future
of Intelligence

2017年，在AI的世界里，一场变革正在悄然发生。这场变革的开端，便是Transformer架构[①]的横空出世。它就像一位拥有超能力的侦探，用其独特的“全局注意力”技能，实现了AI对这个世界的认知跃迁。

Transformer架构的“自注意力机制”，就像是给机器安装上了一套思维的全景雷达。它不再像前面介绍的CNN、RNN模型那样，只能局限于局部视野，而是能够瞬间捕捉到文本中的每一个细节，理解它们之间的内在联系。这种“全局感知”的能力，让Transformer在处理自然语言任务时，展现出了前所未有的高效与准确。一经发布，Transformer架构便一统自然语言处理的天下，成为了大语言模型的实际标准架构。

随着技术的发展，它在多模态领域也逐渐成为主流技术架构。目前，许多知名公司和研究机构都推出了基于Transformer架构的图像理解模型。例如，Google的ViT（Vision Transformer）模型是首个将Transformer直接应用于图像分类的模型。此外，Meta也推出了基于Transformer的图像生成模型DALL-E，能够根据文本描述生成对应的图像。

然而，这场认知革命并非没有代价。Transformer的强大能力背

① Transformer架构：由Google在2017年提出的一种神经网络架构，使用Self-Attention结构取代了在NLP任务中常用的RNN网络结构。Transformer架构具有并行计算的优势，能够更高效地处理序列数据。它由编码器和解码器两部分组成，广泛应用于机器翻译、文本摘要等领域。

后，是海量算力的支撑。英伟达的CUDA生态与GPU集群，就像是这场革命的燃料库，为Transformer提供了源源不断的动力。它们构筑起的算力底座，使得模型参数规模以惊人的速度膨胀。

在这场AI竞赛中，中文大模型也没有落后。以百度文心大模型为例，它在中文实体掩码等本土化创新中开辟出了独特的路径，实现复杂古文语义理解的准确率全面提升，标志着中文大模型技术的实用化突破。

但预训练数据资源的超载预警灯也在国内外百模大战的繁荣景象中悄悄亮起。当前顶尖大模型的训练数据量已经超过了人类文明所有文本的总和，高昂的算力成本更让AI产业落地这一时代进程变得越来越慢。这意味着，AI发展面临着前所未有的数据瓶颈。为了应对这一挑战，研究者们开始转向合成数据、知识蒸馏以及强化学习的技术路径探索。这些创新的技术手段，就像是为AI世界打开了新的窗口，让时代看到了突破数据瓶颈的希望。

1 Transformer革命：全局注意力如何重塑AI认知

在上一节末尾，我们提到了小模型在产业落地中因应用场景和任务的不同，效果差异明显。那么，工程师们是如何进一步突破这一认知边界，重塑AI的认知模式呢？

Transformer模型，这位AI界的“新星”，以其独特的全局注意力机制，彻底改变了AI处理信息的底层逻辑。举个例子，有一个案发现场需要一个侦探团队前往破案，RNN和Transformer两位侦探都赶到了现场。RNN这位普通侦探，只能在现场按顺序逐一检查，通过前后多处疑点串起整个现场情况进行分析，而Transformer这位超级侦探，能够瞬间扫描整个案发现场，从全局视角进行全面分析。他不再受限于序列依赖，而是能够同时关注全局信息，动态调整焦点，就像给AI装上了一台“全景扫描仪”。

图2-1

❶ 文字的蜕变：从文本到序列的音乐之旅

人类的语言或者文字，作为文本输入由Transformer模型进行后续加工。在Transformer模型中，文本会转换为序列，这个转换过程可类比为交响乐的编曲流程：

分词算法（Tokenization）

如同将乐谱拆解为音符，文本被分割为离散的Token①单元（单词、字符），作为模型处理的基本元素。例如，“I love NLP”被拆分为［“I”“love”“NLP”］。

Token映射与词嵌入

每个Token被赋予唯一ID（类似音符的编号），并通过词嵌入转化为高维向量。这相当于将音符转化为音高和音色，捕捉语义关

① Token：Token是通过分词算法（Tokenization）将原始文体分割后的离散符号单元，其本质是语言离散化表示的最小功能单位，可以是单词、字符、子词或标点符号等。

联。例如，"love"的ID映射为向量如［0.3，-0.7，0.5…］。

位置编码（Positional Encoding）

由于Transformer缺乏对顺序的感知，需通过正弦/余弦函数为每个Token添加位置信息，如同在乐谱中标记小节和节拍，确保音符的时序性。

序列矩阵的构建

最终，词嵌入与位置编码的向量相加，形成包含语义和位置信息的序列矩阵，如同完整的乐谱输入模型，供其解析和演奏。

整个过程如同将文字编排成交响乐章：分词是拆分乐句，词嵌入赋予音符色彩，位置编码标记节奏，最终序列矩阵成为可被Transformer“演奏”的完整乐谱。

*DeepSeek*创新：MTP——音乐创作中的“和弦预测”（详见“第三篇第三章第四节——工程突破：多令牌预测MTP提升性能”）

在Transformer的交响乐中，MTP[①]技术就像是一位富有创意的音乐家，在创作过程中不仅仅预测下一个音符，而是同时预测接下来的多个音符，形成一个和弦。这种和弦预测的方式，不仅提高了创作的效率，还使得音乐更加和谐、富有层次感。

在传统大语言模型的生成式任务中，模型通常基于当前音符（Token）来预测下一个音符。而MTP技术则更进一步，它允许模型在一次预测中同时输出多个未来的音符，形成一个和弦。这些音符之间不仅包含了语义信息，还隐含了它们之间的顺序和关系。

具体来说，MTP在训练阶段共享一个基础结构，然后顶层有多个“和弦头”（即输出头），每个头负责预测一个未来的音符。这些头并行工作，同时输出多个预测结果，形成了一个和弦预测。由于

---

① MTP（Multi-Token Prediction，多令牌预测）：一种扩展的训练目标，在训练时模型不仅预测下一个单token，而且同时预测多个未来的token。这种方法能提高训练效率，并为推理提供新的加速手段。MTP使模型从更大范围的上下文中提取信息，提高上下文感知能力，并为推测式解码等推理加速技巧提供基础。

MTP能够同时预测多个音符，因此相比传统的单音符预测方式，它具有更高的采样效率。这就像是一位音乐家在创作时，能够一次性写出多个音符，从而提高了创作的速度。

❷ Transformer架构：编码器与解码器的协同

Transformer的架构如同乐谱创作的双阶段艺术，其中编码器承担着解构既有乐章的使命，而解码器则负责谱写新的旋律。

编码器的工作机制可类比于作曲家分析经典交响乐总谱：通过自注意力机制识别乐句间的和声关系，并借助位置编码定位每个音符的时序价值，最终将原始乐谱转化为高维语义表示——这类似于将《贝多芬第五交响曲》抽象为“命运主题驱动的发展逻辑”。

解码器的运作则更接近即兴作曲：在生成每个新音符时，它不仅参考编码器提炼的音乐语法规则（注意力机制跨模块连接），还需确保已创作片段的内部一致性。例如，当模型需要续写钢琴协奏曲华彩段时，解码器会像作曲家一样：基于编码器建立的音乐理论框架（和弦进行、节奏型库），动态调整不同声部的注意力权重（突出主旋律，弱化和声填充），通过多层神经运算合成符合音乐学规范的音符序列。

这种结构化解构和创造性生成的两阶段协同，使Transformer突破了传统序列模型的单向处理局限。

❸ 全局注意力机制：AI的“全景信息筛”

编码器通过多层自注意力网络提取输入数据的全局关联特征，解码器则在此基础上通过“掩码注意力”实现序列生成。全局注意力机制通过查询（Query）、键（Key）、值（Value）三个关键矩阵，动态计算输入序列中每个元素的重要性权重。想象一下，每个元素都是一个音符，Query是寻找特定旋律的需求，Key是音符的唯一标识，而Value则是音符的实际内容。Transformer通过计算Query与所有Key的匹配度，为每个元素分配注意力权重，最终加权聚合Value，形成新的向量表示。

这就像要得到一段“音乐旋律”（Query），就要用Query去和所有“音符”Key匹配，为每个“音符”分配注意力权重，最终加权聚合“音符”的实际内容Value，得到新的旋律。

这种“全景信息筛”的方式，让Transformer能够捕捉到输入序列中的每一个细节，理解它们之间的内在联系。

❹ 多头注意力机制：AI的“多声部合唱”

为突破单一注意力视角的局限，Transformer引入“多头注意力”机制[①]。这一机制将输入序列分成多个“头”，每个头独立计算注意力权重，并生成各自的向量表示。这些向量表示随后被拼接起来，形成最终的输出。这种方式就像是一场多声部合唱，每个声部都有自己的旋律和节奏，但它们又和谐地融合在一起，共同演绎出美妙的乐章。

多头注意力机制的优点，主要是捕捉多样性和并行处理。不同的头可以学习输入数据的不同表示，从而捕捉到更加多样化的特征信息。这有助于模型更全面地理解输入数据，并提高模型的表达能力。同时，多个注意力头可以并行处理信息，这提高了计算效率，使得模型能够更快地处理大规模数据。

*DeepSeek*创新：MLA——聪明的智能指挥家（详见“第三篇第三章第一节——架构优化：多头潜在注意力（MLA）机制”）

传统多头注意力让每个“声部”（注意力头）直接处理完整的

① 多头注意力机制：Transformer模型的核心组成部分，通过分割输入序列到多个头，并行处理信息，增强模型的表达能力和捕捉特征信息的能力。多头注意力机制允许模型同时关注输入的不同部分，从而捕捉更丰富的特征信息。

乐谱（原始键值向量），而MLA[1]则引入了一位智能指挥家。这位指挥家将复杂的乐谱（高维键值矩阵）提炼为简化的手势（低维潜在向量），通过低秩压缩技术，大幅减少乐手（计算单元）需要处理的信息量。

不同声部（注意力头）仍能基于压缩后的手势并行演奏（捕捉多样化特征），但资源消耗显著降低。这就像乐团无须逐页翻阅厚重乐谱，只需跟随指挥的精练手势即可高效协作，在保证演奏质量（模型性能）的同时提升效率（减少键值缓存内存占用）。

❺ 并行化革命：从“流水线”到“交响乐团”

与RNN的流水线式处理不同，Transformer采用了并行化的处理方式。它像是一个交响乐团，所有乐器（计算单元）同时演奏，指挥（注意力机制）动态协调各声部的强弱，最终形成和谐的整体。这种并行化的处理方式不仅提高了训练速度，还使得模型在处理长距离依赖时更加得心应手。

图 2-2

Transformer的全局注意力机制无疑为AI领域带来了一场认知革

① MLA：多头潜在注意力（Multi-head Latent Attention），一种改进的注意力机制，旨在提高Transformer模型在处理长序列时的效率和性能。MLA通过低秩联合压缩技术减少了推理时的键值（KV）缓存的需求，从而降低了内存占用并提高了计算效率。

命。它突破了传统模型的局限性，让机器能够像人类一样理解全局信息，动态调整焦点。

然而，Transformer的架构和机制并非尽善尽美，它仍然面临着难以适应特定任务需求等挑战。

那么，当Transformer模型需要进一步提升性能，以应对更加复杂和多样化的任务时，工程师们又是如何进一步突破认知边界的呢？

2 架构裂变：编码器–解码器的分合之道

在上一节中，我们探讨了Transformer模型如何通过全局注意力机制为AI领域带来了一场认知革命，让机器能够像人类一样从全局出发理解信息。然而，Transformer的架构并非一成不变，其编码器与解码器的分合之道，就是为了满足不同需求场景而进行的技术创新。

❶ 传统架构：编码器与解码器的协作

在上一节已经详细讲解了标准Transformer架构的编码器和解码器架构。编码器如同一位翻译家，将输入的信息转化为一种中间表示形式，这种表示形式既包含了原始信息的精髓，又便于后续处理。而解码器则像一位作家，根据这个中间表示，逐步生成最终的输出。这种分工合作的方式，使得模型在处理复杂任务时更加高效和灵活。

但是，在标准的Transformer架构中，编码器和解码器是联合训练的。这意味着在训练过程中，我们需要同时优化编码器和解码器的参数，这要求有较高的算力。而从工程实际来看，标准的编码器-解码器架构，只对翻译类任务（先理解源语言，再生成目标语言）完全匹配。而很多任务是只需要理解（比如文本分类任务），另外一些任务只需要生成（比如写作任务），这些高频任务其实并不需要同时优化编码器和解码器。这就导致在训练过程中，其实部分计算资源被浪费在了不必要的参数优化上。

那么，有没有一种可能，我们将编码器和解码器解耦，只单独使用编码器完成独立任务，或者只使用解码器完成独立任务呢？

❷ BERT：纯编码器架构的全局视角观察家（专注于“看”）

为了克服传统架构的效率局限性，BERT模型[①]采用了纯编码的架构。BERT不再依赖解码器来生成输出，而是直接通过编码器对输入信息进行全面的理解和处理。

这种纯编码的架构使得BERT能够像一位能同时观察过去与未来的分析师一样，拥有全局视角，所以主要应用在文意理解场景，是一位专注于“看”的专家。

图 2-3

在BERT中，每个词语都会与句子中其他所有词语建立关联权重，形成一个动态的信息网络。这种

① BERT模型：Google在2018年提出的预训练语言模型，基于Transformer架构的编码器部分。BERT通过双向Transformer捕捉文本中的上下文信息，生成更丰富的语言表示。它包含两个预训练任务：Masked LM和Next Sentence Prediction，并在多个NLP任务中取得了优异的表现。

全局视角让BERT在填空任务、语义解析等场景中表现卓越。例如，在面对句子“天空飘着白色的____”时，BERT不仅能根据“白色”推测出“云朵”，还能结合“天空”这一上下文信息排除“纸张”等干扰选项。

尽管BERT在理解和分析方面表现出色，但其纯编码的架构也带来了一定的局限性。由于缺乏解码器的辅助，BERT在实时生成连贯文本方面存在困难。它更像是一位小心谨慎的顾问，总想等所有信息齐备后再下结论。

❸ GPT：纯解码器架构的内容生成创作家（专注于“写”）

与BERT不同，GPT系列模型采用了纯解码器的架构。GPT不再依赖编码器来生成中间表示，而是直接通过解码器逐词生成文本。这种纯解码器的架构使得GPT像一位逐字编织故事的作家一样，能够实时地根据已有内容推测后续发展，是一位专注于“写”的专家。

图 2-4

GPT的掩码注意力机制使得每个位置只能关注当前位置及之前的序列信息。尽管这种单向生成模式看似“视野受限”，但通过海量数据的训练，GPT学会了构建长语言逻辑链。

举个例子，用户提问：“我想带孩子去海边度假，该怎么安排?”GPT的回复生成过程如下：

a.理解核心需求

先确认“带孩子度假”的关键要素：适合儿童的活动、安全、住宿偏好。

b.逐步细化步骤

第一步：“建议选择有浅滩和救生员的亲子友好海滩。”（先满足安全和儿童需求）

第二步：“预订距离海滩步行10分钟内的酒店，方便携带物品。”（基于“海滩”位置推荐住宿）

第三步：“把防晒霜、沙滩玩具和备用衣物加入到行李清单。”（根据“海滩活动”推导所需物品）

第四步：“安排上午堆沙堡、午饭后乘观光船，避免正午暴晒。”（按时间顺序串联活动，避免逻辑矛盾）

c.隐藏的长逻辑链

尽管每次只能看到已生成的文本，但通过海量数据训练，GPT知道：因为是亲子游，所以要避免冒险型行程；因为订海滩附近酒店，所以要减少交通负担；因为正午阳光强烈，所以需调整活动时间。

基于这个生成的语言逻辑链示例，我们可以发现，GPT虽然在生成每个词时“看不到未来”，但它通过训练数据中的模式（如“带孩子旅行常包含安全、便利、时间规划”），像搭积木一样逐步输出合理建议。这种机制类似于人类边思考边说话——即使无法预知下一句，也能基于经验和当前语境保持连贯。

然而，GPT的纯解码器架构也带来了对上下文理解片面性的问题。由于缺乏编码器的全面理解，GPT在处理歧义问题时可能无法像BERT那样通过双向分析来确认信息的准确含义。

❹ 需求驱动的大模型架构演进之路

从Transformer到BERT和GPT的架构演进，不仅是技术上的突破，更是对AI技术生态格局的重塑。这种架构裂变不仅重新定义了技术的边界，更推动了AI在不同领域的应用和发展。

在实现细节上，BERT和GPT的差异远不止于编码器和解码器的使用。它们的预训练目标、注意力机制和微调策略都有所不同。这些差异不仅反映了技术路线的分化，也揭示了技术发展由业务场景驱动的多样性和复杂性。

Transformer的全局注意力机制为AI领域带来了认知革命，而BERT和GPT的架构裂变则进一步推动了AI技术的发展和应用。随着使用Transforme架构的模型不断发展升级，模型的参数量也变得越来越大。当模型规模突破临界点时，量变是否真的能引发质变？

3 暴力美学：Scaling Law揭示的效果密码

在上一节中，我们见证了Transformer的全局注意力机制如何为AI领域带来一场认知革命，而BERT和GPT的架构裂变则进一步推动了AI技术的发展和应用。然而，随着两个技术路线都朝着参数越来越多，预训练数据量越来越大的方向发展时，我们不禁要问：有没有一个临界点存在，当参数量达到一定程度就可以带来质的飞跃？

答案，就是“Scaling Law[①]”（规模法则）。

❶ 滚雪球的启示：Scaling Law的奥秘

想象一下，在冬日的清晨，你捧起一把雪，轻轻揉捏成一个雪球，然后沿着山坡滚下去。随着雪球的滚动，它不断吸附沿途的积雪，体积越来越大，速度也越来越快，最终变成了一个巨大的雪球。这一过程，就是物理学中的“滚雪球效应”。而在AI领域，当模型的参数量、训练数据量和计算资源同时扩大时，性能的提升也会像雪球滚落山坡般加速爆发，这便是Scaling Law所揭示的奥秘。

图2-5

OpenAI于2020年首次提出了这一法则，它彻底改变了AI发展的底层逻辑。以往，我们总是试图通过优化算法、调整参数等方式来提升AI模型的性能，但Scaling Law告诉我们，有时候，最简单的解决方案往往是最有效的——扩大规模。

❷ 雪球效应的三大驱动引擎

那么，是什么驱动着这个“雪球”不断滚动，直至引发质变的

① Scaling Law：在机器学习领域，特别是大型语言模型中，模型性能与其规模（如参数数量）、训练数据集大小以及用于训练的计算资源之间存在的一种可预测的关系。这种关系通常表现为随着这些因素的增长，模型性能会按照一定的幂律进行改善。

呢？答案在于三大引擎：数据、参数和算力。

数据：燃料的纯度与规模

如果把AI训练比作火箭发射，那么数据就是推动火箭升空的燃料。早期，AI模型如同小型火箭，仅需少量燃料（数据）就能升空，但飞行高度有限。

然而，随着Transformer架构的诞生，AI仿佛获得了“燃料提纯”的能力。它能够通过自注意力机制，从海量文本中自动提炼出语法规则、知识关联和语义逻辑，就像从一堆杂乱的原料中提炼出纯净的能源。这样，数据规模越大，AI对世界的理解就越深刻，仿佛飞得更高、更远。

以自然语言处理为例，当模型接触到“猫追逐老鼠”和“猎豹追赶羚羊”这两句话时，它能够抽象出“捕食者-猎物”的关系框架，这种能力使得模型能够更好地理解和生成类似的语言表达。

参数：神经网络的容量革命

参数，是AI模型的“脑细胞”。它们决定了模型能够存储和处理的信息量。早期，AI模型的参数量有限，就像一个小型图书馆，藏书不多。但随着技术的发展，参数量开始爆炸式增长。BERT模型的3.4亿参数已经能够在阅读理解任务上超越人类水平，而GPT-3更是将参数规模推至1750亿，其知识储备相当于阅读了数百万本书籍。这就像从小型图书馆升级为国家级档案馆——参数越多，模型存储知识和推理的“货架”就越庞大。

算力：摩尔定律的二次方加速

算力，是驱动雪球滚落的“山坡坡度”。没有足够的算力，再大的数据和参数也只是空中楼阁。然而，随着技术的进步，算力也在飞速提升。2012年训练一个图像识别模型需要6天时间，而到了2020年，同量级任务仅需5分钟就能完成——算力提升了约10万倍。更关键的是，Transformer架构天生具备“并行计算”特性。传统的RNN需要逐字处理句子，如同单车道公路；而Transformer可以同时处理所有词语，将计算效率提升至高速公路级别。这一突破使得模型规模可以持续扩大而不受硬件瓶颈限制。

❸ 暴力美学的工程实践

在Scaling Law的指引下，AI工程师们开始了一场场“暴力美学”的实践。他们不断地扩大模型的规模，挑战着算力的极限。从GPT-3到Sora的视频生成模型，每一次参数的跃迁都带来了性能的飞跃。

GPT-3的里程碑

GPT-3无疑是Scaling Law的一个里程碑式作品。它拥有惊人的1750亿参数规模，使得模型在多个自然语言处理任务上展现出了前所未有的性能。无论是文本生成、问答系统还是文本摘要等领域，GPT-3都取得了令人瞩目的成果。它的出现证明了Scaling Law在提升AI模型性能方面的巨大潜力。

Sora的多模态探索

而Sora模型则将Scaling Law延伸至了多模态领域。它将视频分解为“时空积木块”（3D Patch），每个积木块包含画面片段的时间和空间信息。这种结构类似用乐高颗粒搭建动态场景——积木越多（参数越大），模型就能捕捉越细腻的动作变化。

当参数规模达到临界点时，模型突然“顿悟”了物理规律：比如水流撞击岩石时的飞溅效果，正是海量训练数据中流体动力学特征的统计涌现。这一突破不仅展示了Scaling Law在多模态任务中的潜力，也为我们揭示了未来AI模型在更复杂任务中的可能性。

❹ 知识刻入“参数”的过程揭秘

如果把训练AI模型比作烹饪一道米其林三星料理，那么模型的参数就是厨师的秘密配方——它不直接告诉你“如何做菜”，却能通过食材（数据）、火候（训练）、调味比例（参数协同）的复杂作用，让知识像风味物质一样从化学反应中诞生。

参数：风味的分子方程式

一道完美的法式炖鸡，风味来自鸡肉、红酒、香草在高温下的美拉德反应。同样，AI的知识也诞生于参数的“分子级交互”，单独一粒盐尝不出咸味，正如单个参数无法存储“猫”的概念。但是复杂参数的组合就可以带来美食的风味变化：当模型处理“猫”的图片时，就像厨师同时操控火候、调料、搅拌速度（数亿参数按特定比例激活），最终“涌现”出“猫”的识别结果。

但需要注意的是，参数协同不等同于简单的菜谱步骤：菜谱是明确的指令，比如加5克盐；而参数是动态权重调整，比如盐与糖的比例需要根据食材甜度自适应地去优化。

训练：厨房里的试错革命

厨师靠味觉反馈调整配方，AI则通过损失函数（Loss Function）优化参数：

初学阶段（随机初始化）。学徒厨师乱撒调料：参数初始值随机设置，模型输出中把猫描述成“三头六臂的怪物”。

试错纠偏（梯度下降）。试菜后提出味道建议（计算预测误差）：发现“猫腿数量预测错误”，反向传播算法像味觉神经一样，沿着误差信号调整“腿部识别参数”的权重。

风味定型（参数收敛）。当模型能稳定区分“猫腿（4条）”和“蜘蛛腿（8条）”，就像厨师终于掌握了“红酒炖鸡的黄金火候时间”。

实际的模型训练时，参数调整是整体的全局优化（改良整桌宴席的搭配），而不是单独修正某道菜。所以模型的全参微调优化比厨师调整单一菜品可能复杂千万倍。

知识存储：腌入味的风味哲学

图 2-6

为什么参数规模越大，模型效果越好？这涉及风味的“入味层次”：小模型就像家常菜——参数少如简易厨房，只能学表面规律。例如记住“猫有胡须”，但遇到“没有胡须的猫”就会出错。这就像用酱油腌萝卜，味道浮于表面。大模型就像精细到分子级别的精致料理——1750亿参数如同顶级实验室，能通过参数关联推导深层规律，就像用真空低温慢煮技术，让风味渗透到食材细胞深处。所以，人类厨师的知识存在于大脑中，而AI的“知识”没有实体，它只是在不同推理任务中参数间相互作用时产生的“临时共识”，这就像食物风味不存在于任何单一分子中，而是亿万分子碰撞的结果。

但Scaling Law也不是万能钥匙。研究发现，当参数超过万亿后性能提升会逐渐趋缓。这就像雪球滚到平地时增速自然下降。因此业界开始探索新的方向以实现“智能密度跃迁”，而“知识蒸馏”技术就是一种实现路径。

通过“知识蒸馏”技术，业界开始尝试将大模型的能力迁移至小模型实现“小个子有大智慧”。这一过程就像将大型图书馆的精华知识提炼出来放入一个小巧的便携式图书馆中一样。虽然体积变小了，但知识含量却丝毫未减，甚至更加精炼。

Scaling Law揭示了当模型规模突破临界点时，量变引发质变的神奇魔法。那么，这项发源于英文语境中的魔法，如果直接迁移到更为复杂的中文语境下也能有同样优秀的表现吗？

4. 中文突围：文心大模型的实体掩码创新

在上一章中，我们探讨了Scaling Law作为AI领域的一个重要法则，揭示了当模型规模突破临界点时，量变引发质变的客观事实。然而，一个引人深思的问题是：Scaling Law在英文语境下展现出的“暴力美学”能否直接作用到更为复杂的中文语境中，并同样展现出卓越的表现呢？答案并非显而易见，因为中文的复杂性远超拉丁语系，其歧义性、成语典故的隐喻特性，以及新词不断涌现的速率，共同构成了一座难以逾越的“语义迷宫”。

图 2-7

幸运的是，文心大模型团队通过实体掩码创新技术，为AI理解中文打开了一扇新的大门，成功实现了中文语境下的AI突围。

❶ 实体掩码：AI理解中文的破冰之旅

面对中文语境的复杂性，传统预训练方法（如随机字符掩码）存在明显局限：随机遮盖单个字符（如将“巧克力”处理为“巧_克_力”）会破坏词语的完整性，导致模型难以捕捉实体层级的语义关联（如“巧克力”与“甜食”的关联）。

文心大模型的实体掩码技术创新性地解决了这一问题，其核心思想可类比于“古籍修复师的训练”——通过定向遮盖整词（如“人工智能”）、实体（如“北京市”）或短语（如“碳中和”），迫使模型像修复师一样，必须依赖上下文推断被遮盖的关键内容，从而系统性学习中文的语义单元结构。

中文“字组合成词，词组合达意”的语言特性使得传统随机掩码难以有效建模。例如，随机掩码无法让模型理解“手机”是一个完整词语（而非“手”与“机”的机械组合），而实体掩码通过遮盖完整语义单元，迫使模型同时掌握两种能力：一是识别汉字组合的合理边界（如区分“汉字组合”应切分为“汉字|组合”而非“汉|字组|合”），二是建立实体间的深层关联（如预测被遮盖的“碳中和”时需激活“碳排放”“清洁能源”等概念）。

这种结构化掩码策略使模型能够从数据中提炼细粒度的语义知识，显著提升对中文歧义性（如分辨“苹果手机”与“吃苹果”中“苹果”的不同含义）和隐喻性（如理解“冰山一角”比喻“事物的小部分”而非字面地理概念）的解析能力。

❷ 实体掩码技术的设计原理

文心团队在深入研究中文文本时，发现了一个有趣的现象：中文实体间的共现规律具有强关联性。例如，“股价”与“公司名”经常同时出现，这为语义分析提供了重要的线索。基于这一发现，他们创新性地设计了实体掩码技术，这项技术通过动态遮蔽文本中的关键实体，迫使模型像侦探一样，根据上下文线索来重建完整的语义。

例如，“在人工智能领域，■■公司研发的文心大模型凭借其出色的自然语言处理能力，在多个应用场景中展现出了强大的产业落地能力。”在这段话中，模型可以基于“文心大模型”这一关键线索，推断出被遮蔽的实体应为“百度”。

❸ 像玩乐高一样玩转实体掩码技术

与传统模型相比，实体掩码技术具有明显的优势。首先，它能够显著降低模型的计算复杂度，因为模型只需要关注核心语义线索，而无须对所有可能的语义组合进行暴力穷举。其次，它能够提高模型的泛化能力，因为模型在训练过程中学会了如何通过上下文线索来推断未知信息，从而能够更好地适应新的语境和领域。

技术特点：语义拼图的动态聚焦

实体掩码技术的算法框架可以巧妙地类比为乐高积木的拼装过程。在这个过程中，每个积木块都代表着文本中的一个实体或描述单元，而整个拼装过程则构成了对文本语义的完整理解。

语义分拣器：乐高零件的分类

语义分拣器（Semantic Sorter）就像将乐高零件按颜色分类一样，将文本中的实体单元（如人名、地名）与描述单元（如动词、形容词）分离开来。例如，在“马斯克宣布SpaceX星舰完成亚轨道测试”这句话中，“马斯克”和“SpaceX”被标记为高价值实体，而“宣布”和“完成”则属于动作描述。

动态掩码引擎：关键零件提示框

动态掩码引擎（Dynamic Masker）则类似于乐高玩具拼装说明书中的“关键零件提示框”。它通过注意力权重分析，逐步关注关键信息，同时减少对不重要信息的关注。例如，在医疗文本“患者主诉胸痛伴呼吸困难，心电图显示ST段抬高”中，模型会自动强化“胸痛”和“ST段抬高”的关联，而弱化“患者”等通用词。

上下文重建网络：剩余积木的推测

最后，上下文重建网络（Context Reconstructor）则如同通过剩余积木推测缺失部件一样，利用Transformer的交叉注意力机制，结合双向语境填补被遮蔽的内容。实验显示，经过掩码训练后，模型对中文成语隐喻的理解准确率显著提升。

❹ 创新突破：从“填鸭式学习”到“启发式教学”

实体掩码技术的创新不仅在于其算法框架的巧妙设计，更在于其引入了一种全新的学习模式——从“填鸭式学习”转变为“启发式教学”，从“教你背书”到“引导你如何理解文字之间的联系和文字背后的含义”。

稀疏注意力引导：探照灯的遮光罩

在模型架构层面，文心团队设计了区域化注意力窗口，这好比给探照灯加上遮光罩。在阅读法律条文等复杂文本时，模型会自动聚焦“应当”“禁止”等效力性条款，而忽略举例说明等无关紧要的部分。这种稀疏注意力引导机制显著提高了模型在处理复杂文本时的效率和准确性。

多粒度掩码策略：组块化的记忆

多粒度掩码策略则借鉴了人类记忆的“组块化”特征。算法能够动态选择遮蔽单位，从字级、词级到意象级等多个粒度进行遮蔽训练。例如，在古诗“春风又绿江南岸”中，模型可能同时尝试字级遮蔽（如“春［?］又绿江［?］岸”）、词级遮蔽（如“［?］又绿江南岸”）和意象级遮蔽（如“春风又［?］江南岸”）。这种多维度训练使模型建立起从字形到意象的跨层理解能力。

❺ 实战案例：技术概念到落地应用的跨越

实体掩码技术的创新并没有停留在理论层面，而是在实际应用中展现出了巨大价值。

在文化传承领域，文心团队通过与国家图书馆合作推动“华人寻根”项目，实现了实体掩码技术对家谱文献的智能化修复与解析。例如，针对“中华家谱文献集成”中“清光绪年间［?］王氏族人自福建迁台”这类残缺记录，模型可补全缺失年份（如“二十二年”），并结合同期福建自然灾害事件库生成人口迁徙路径图谱。而当输入“先祖［?］于道光年间由潮州府迁至南洋”时，技术通过掩码训练形成的时空推理能力，可补全缺失籍贯（如“澄海县隆都镇”），并基于清代潮汕宗族迁徙数据库验证补全结果的可信度。

实体掩码技术的成功实践为我们揭示了中文语境下通向认知智能的关键路径。它表明AI理解自然语言的过程本质上是建立概念之间的动态映射网络，通过不断优化这个映射网络的结构和参数，我们可以不断提高AI的认知能力。这为大模型在中文领域的发展指明了方向。

随着Scaling Law法则的影响力越来越大，各厂商发布的大模型参数量也越来越大，AI技术的竞争逐渐演变为大模型参数量的竞争。2020年6月，OpenAI发布GPT-3，参数量1750亿，开启了千亿级大模型时代。2021年1月，谷歌发布Switch Transformer[1]，参

① Switch Transformer：一种改进的Transformer模型，通过引入Mixture of Experts（MoE）机制来提高模型的效率和可扩展性。Switch Transformer根据输入数据的特点选择最合适的专家来处理数据，从而提高处理效率并减少计算资源的消耗。

数量1万亿，成为首个公开披露的参数量突破万亿的大模型。2024年6月，华为发布盘古大模型5.0，参数量也达万亿级别，成为国内首个公开披露的万亿参数模型。

图 2-8

当国内外“百模大战”如火如荼，谁是这个时代的最大受益者？

5：底层优化：GPU+CUDA的硬件加速体系构建

当国内外大模型市场百花齐放的时候，我们不禁要问：在这场技术竞赛中，谁是这个时代的最大受益者？从市场表现看，是以英伟达（NVIDIA）为代表的AI算力解决方案供应商。随着AI技术的飞速发展，算力需求呈指数级增长，而GPU[①]+CUDA[②]的硬件加速体系，正是满足这一需求的关键所在。接下来，让我们一起深入探索这一体系背后的奥秘。

❶ GPU：AI时代的“工业引擎”

如果把AI模型比作一辆超级跑车，那么GPU（图形处理器）无疑就是它的涡轮增压引擎。在AI领域，GPU展现出了强大的实力，成为了推动深度学习技术突破的核心动力。

对比来看，CPU[③]就像是普通的汽车发动机，虽然能够驱动车

图 2-9

① GPU：图形处理器，是一种用于处理图像和图形运算工作的协处理器。GPU拥有数百个甚至上千个ALU（算术逻辑单元），支持高效的并行计算。它在个人电脑、工作站和一些移动设备（如智能手机、平板电脑等）上有广泛应用，并在科学计算、人工智能、游戏开发等领域发挥着重要作用。

② CUDA：英伟达公司设计的并行计算平台和编程模型，包含CUDA指令集架构以及GPU内部的并行计算引擎。开发人员可以使用C语言为CUDA架构编写程序，在支持CUDA的处理器上实现超高性能运行。CUDA使得GPU能够解决复杂的计算问题，并在图像与视频处理、计算生物学和化学、流体力学模拟等领域有广泛应用。

③ CPU：中央处理器，作为计算机系统的运算和控制核心，是信息处理、程序运行的最终执行单元。CPU在逻辑结构、运行效率以及功能外延上取得了巨大发展，并广泛应用于个人电脑、服务器、嵌入式设备等各个领域。

辆前进，但在面对复杂路况和高速需求时，就显得力不从心。而GPU，则像是为赛车手量身定制的涡轮增压引擎，它能够以惊人的速度处理大量数据，为AI模型提供强大的算力支持。

现代GPU拥有数万个计算核心，就像一座工厂里数以万计的工人同时作业。以英伟达H100芯片[①]为例，它具有18432个CUDA核心，这相当于传统消费级CPU核心数量的500倍以上。这种架构特别适合处理深度学习所需的矩阵运算，如同用自动化流水线替代手工作坊，大大提高了计算效率。

那么，用GPU代替CPU来处理AI任务，到底好在哪里？让我们用一个简单的比喻来讲解。想象一位教授正在给一群学生讲解数学问题。教授就像CPU一样，能处理复杂数学问题；教授的助教就

图 2-10

① 英伟达H100芯片：英伟达在2022年发布的一款GPU芯片，使用台积电四纳米工艺，采取Hopper架构，拥有800亿个晶体管。

像GPU一样，只能处理简单问题。虽然能力没有CPU强，但GPU的优势在于核心数量多（比如英伟达RTX 4090显卡拥有16384个CUDA核心），就像有很多位助教可以帮助教授解答学生的简单问题。虽然教授的知识渊博，但因为只有一位教授，他需要逐一解答每个学生的问题，所以这种让教授逐一给同学们答疑的方式效率相对较低。当有多位助教同时参与答疑时，整个教学过程就会变得更加高效。同样地，在处理AI任务时，GPU的多核心架构能够同时处理海量神经网络计算任务，可以大大缩短计算耗时。

❷ CUDA：算力世界的“操作系统”

如果说GPU是一台高性能跑车的引擎，那么CUDA就是由英伟达公司开发的引擎配套使用程序。在CUDA出现之前，开发者需要深入了解GPU硬件架构，如显存分配、线程调度等，甚至需要逐行编写机器级指令，才能调用GPU的计算能力。而CUDA的诞生彻底改变了这一局面——它提供了一套完整的编程接口和工具链，使开发者只需掌握C语言和简单的CUDA接口，就能轻松调用GPU的算力。开发者无须深入理解GPU的底层硬件细节，CUDA就能自动完成线程管理、内存分配等底层操作。

CUDA的推出不仅降低了GPU编程的门槛，还推动了AI技术的快速发展。截至2024年，CUDA支持的软件库已超过400个，覆盖从图像处理到大模型训练的完整工具链。这种软硬件协同的生态系统形成了极高的技术壁垒，使CUDA成为AI领域GPU实际开发标准。但需要注意的是，CUDA需要与英伟达的GPU硬件绑定使用，这进一步巩固了英伟达在GPU硬件领域的领先地位。

*DeepSeek*创新：PTX级编程：自动挡中的“手动换挡模式”（详见“第三篇第三章第五节——底层切入：PTX级编程为降低算力门槛提供了新思路”）

尽管CUDA的“自动挡”设计极大降低了开发门槛，但为了获得更大效率提升，开发者仍需突破自动换挡的保守策略，以获得更高性能。DeepSeek的PTX级编程[①]技术，正是通过在CUDA框架内开启“手动换挡模式”，实现更精细化的硬件控制。

PTX（Parallel Thread Execution）是CUDA生态中的中间指令层，相当于自动变速箱的“传动轴”——它连接高级语言（CUDA C/C++）和GPU机器码，将开发者编写的“自动挡指令”转化为硬件可执行的机械动作。通常情况下，开发者无须关心PTX（如同驾驶员无须触碰传动轴），CUDA会自动完成这一转换。

DeepSeek的创新在于直接操作PTX指令，这类似于在自动挡汽车上增加“换挡拨片”，使得汽车操控可以得到更加优化的体验。

需要注意的是，DeepSeek的PTX级技术并未脱离CUDA生态（仍依赖CUDA驱动和运行），而是像在自动挡汽车上开启“运动模式”——既保留了自动挡的易用性，又通过手动介入关键操作释放了额外性能。在AI训练等特定场景中，DeepSeek的PTX级编程技术实现了显著的性能提升（某些情况下性能提升甚至超过30%），达到更高的效率。这种创新避免了“完全手动挡”（如直接编写GPU机器码）的极高门槛，为开发者提供了更强大和灵活的工具。通过这种“自动挡框架内的手动优化”，DeepSeek在兼容CUDA生态的同时，为AI算力需求提供了新的性能突破路径。

❸ 算力背后的全球竞赛

全球科技巨头在GPU领域的竞争日益激烈，各大公司纷纷投入巨资研发更高效的GPU芯片和先进的算力解决方案，以争夺AI市

① PTX级编程：NVIDIA GPU计算架构中的一种中间表示层，接近于汇编语言，允许开发者直接操作寄存器分配等底层硬件细节。它要求开发者具备深厚的硬件和编程知识，并提供了更灵活但同时也更具挑战性的开发路径。

场的领先地位。以微软为例，该公司近年来在AI算力方面进行了大量投资。据报道，微软与OpenAI合作，计划建造一个名为“星际之门”的超大规模AI超算集群，预计投资可能高达数百亿美元，并配备数以百万计的芯片。

然而，这场算力竞赛也引发了一些国际政治问题。例如，美国限制英伟达高端芯片出口，试图通过限制算力资源来遏制其他国家的AI技术发展。这种做法无疑加剧了全球科技领域的紧张局势，但也从侧面反映了算力资源在AI时代的重要性。

❹ 打破垄断的“安卓式”突围

面对英伟达CUDA在AI算力领域的统治地位，科技界正在积极寻求突破。英特尔、谷歌、高通等科技公司联合成立了UXL联盟，旨在打造开源加速平台，以对抗CUDA的垄断地位。这一举措类似于安卓系统对iOS系统的挑战，希望通过开源和协作的方式推动AI技术的普及和发展。

UXL联盟基于MLIR编译器框架进行开发，旨在实现不同架构芯片之间的代码兼容性。同时，虽然DeepSeek使用的PTX技术并不是直接绕过了CUDA，但PTX的代码执行效率却比直接用CUDA给出的算子更高。这在一定程度上降低了大模型对英伟达高端芯片的依赖，给出了一个算力突围的新思路。

❺ 硬件体系技术细节深度解读

在了解了GPU+CUDA硬件加速体系的基本概念和背景之后，我们有必要深入了解一下其中的一些重要技术细节，以帮助我们理解GPU+CUDA是如何构建起硬件加速体系的。

全栈工具链的协同设计

GPU开发工具链通过软硬件协同设计，为开发者构建了无缝衔接的高效开发环境。以CUDA Toolkit为核心的工具包，集成了编译器（nvcc）、调试器（cuda-gdb）、性能分析工具（Nsight系列），覆盖从代码编写、调试到性能调优的全生命周期。就像开发者的“瑞士军刀”，CUDA Toolkit从代码调试到性能火焰图分析，每个工具都精准匹配开发阶段的需求。

张量核心的精妙设计

英伟达GPU中与CUDA生态深度协同的专用加速模块Tensor Core是专为矩阵运算优化的计算单元。以矩阵乘法为例，Tensor Core通过混合精度计算（FP16+FP32）能够显著提高计算效率。相较于传统计算核心，Tensor Core能够在每个时钟周期内执行更多的浮点运算，从而加速AI任务的处理。这种设计使得GPU在处理复杂AI任务时更加高效和稳定。

冷却系统的工程奇迹

GPU在高速运行过程中会产生大量热量，如果无法及时散热就会导致性能下降甚至损坏。因此，冷却系统的设计对于GPU的稳定运行至关重要。液冷散热系统通过冷却液在微通道中循环带走热量，为GPU提供了高效的散热解决方案。中国的华为、工业富联等企业深度参与英伟达GB200等液冷服务器代工，也标志着中国液冷方案进入全球主流GPU生态。

在这个大模型一统天下的时代浪潮中，数据资源和算力储备容易导致马太效应——强者恒强。当行业的进入门槛不断提高，AI产业化生态缺乏新鲜血液注入，本质上对整个行业发展而言并不是好事。那么有没有一种解决方案，能够真正降低AI产业发展对数据和算力的依赖呢？

第 三 篇

DeepSeek 开启的效率美学新纪元

When AI Awakens:
DeepSeek Charting the Future
of Intelligence

在上一章中，我们探讨了在大模型一统天下的时代浪潮中，数据资源和算力储备如何加剧行业的马太效应，使得强者更强。同时，随着行业的进入门槛不断提高，AI产业生态缺乏新鲜血液注入的问题越来越严重。面对这一挑战，我们不禁要问：有没有一种解决方案，能够降低AI产业发展对数据和算力的依赖，降低行业门槛，为行业注入新的活力呢？

答案是肯定的，这个解决方案就藏在DeepSeek所开启的效率美学新纪元之中。

首先，我们需要理解机器对人类智能的学习行为，本质上分为两种：模仿学习和探索学习。

在OpenAI-o1（以下简称o1）、DeepSeek-R1（以下简称R1）以及类似的推理大模型产生之前，预训练作为大模型的模仿学习阶段，是大模型主要的学习方式。这个阶段，大模型就像是一个勤奋的学生，喂给它什么样的数据，它就能学会什么。但如果它碰到没有学习过的内容，就会像个新手一样，要么一无所知，要么胡说八道。

DeepSeek在2024年12月发布的DeepSeek-V3（以下简称V3）模型就是基于预训练得到的通用大模型。将V3模型作为底座模型，通过纯强化学习，让模型在虚拟环境中自主探索、决策，不断优化自己，遇到错误就及时改正，得到了R1-Zero模型。在R1-Zero的基础上，联合V3模型，通过多模型多阶段联合训练的方式就得到了爆火出圈的R1模型。

R1作为高性能推理大模型，在2025年1月正式开源发布，不仅拥有强大的推理能力，还以多项技术创新极大提升了用户体验。如多头潜在注意力（MLA）机制、多模型多阶段联合训练、混合专家架构MoE的效率突破以及多令牌预测MTP，这些创新从工程系统的整体视角共同绘就了R1的效率之美。

MLA机制修建了一条“立体交通枢纽”，将关键路径信息投影到低维空间，显著降低了算力成本消耗。而多模型多阶段联合训练的创新，则让模型展现出知识能力和推理能力的综合之美。

在产业化落地方面，DeepSeek将“数据蒸馏”与“模型蒸馏”相结合，不仅迁移了参数层面的知识，还实现了推理逻辑的迁移，在提供更高能力的情况下显著降低了模型部署的门槛和成本。同时，PXT级的效率优化，开创了算力民主化的新路径，使得更多企业和开发者能够享受到AI技术带来的红利。

这些技术创新不仅重新定义了技术路径，更通过开源生态引发了产业链价值的重构。DeepSeek的开源战略加速了AI生态的全新洗牌，使得中国AI产业首次站上了架构定义者的位置。

1 DeepSeek的创新之路：重塑AI效率美学

在AI产业快速发展的背景下，如何降低对数据和算力的依赖，为行业注入新的活力？

DeepSeek，这个在AI领域迅速崛起的新星，以其一系列强大的模型阵容，重新定义了AI技术的发展方向。它不仅仅是在技术上进行了突破，更是在商业应用、用户体验以及生态构建等多个维度上，给出了新的答案。

图 3-1

从 DeepSeek-LLM（以下简称LLM）模型的首次亮相，到R1模型的横空出世，都代表了DeepSeek在技术上的不断突破之路。

2024年1月，DeepSeek-LLM发布，标志着DeepSeek在通用语言模型领域的成熟。该系列模型在匈牙利国家考试中取得了优异成绩，基本达到同期GPT-4的表现。

2024年3月，DeepSeek-VL（以下简称VL）模型，作为DeepSeek在视觉与语言理解领域的首次尝试，采用了改进的Transformer架构，并通过多阶段训练策略，突破了传统视觉语言模型的局限。特别是在OCR场景中，DeepSeek-VL模型展现出了对复杂图表和公式的精准解析能力。

2024年5月，DeepSeek-V2（以下简称V2）发布。首次引入MLA机制，使得V2在键值缓存方面取得了显著的优化。

2024年12月，DeepSeek-V3发布。V3是在LLM和V2的基础上改进和优化的结果。相较于历史版本，V3在保持高准确率的同时，显著缩短了响应时间。

2025年1月，DeepSeek-R1模型发布，并在AIME 2024上获得了79.8%的成绩，略高于OpenAI-o1-1217。在春节期间火爆全网，DeepSeek应用登顶全球140个国家应用商店榜首。

从技术层面看，R1模型不仅继承了DeepSeek前代模型的技术基因，更在多个方面实现了突破性的创新。

R1模型包含了两个核心版本：R1-Zero与标准R1，都基于V3底座模型训练而来。

在DeepSeek的AI进化实验室中，基座模型V3如同一位知识丰富的少年，通过两种截然不同的特训方案，分化出R1-Zero与标准R1这对“分身”——前者是摒弃传统教材、仅凭纯强化学习（RL）在冷启动数据荒野中求生的“野性探险家”，后者则是用监督微调、奖励机制等方式将狂野思维规训为优雅表达的“学院优等生”。

图 3-2

这对“分身”与基座模型V3的互动，恰似一场生物基因编辑实验：基于V3模型的基础能力，R1-Zero在“荒野”成功求生，并习得一身技能。将这些技能带回给V3模型时，V3就升级成为了新V3模型。对这个新V3模型进行规范性思维训练，就得到了标准R1模型。整个联合训练过程，就形成了“交替进化螺旋”。

站在AI发展的历史视角看，DeepSeek系列大模型创新之路，本质依然遵循Scaling Law的算力依赖，但通过系统级的效率优化，已经将整个行业从单纯地埋头使蛮力，拉回到兼顾效率算力平衡的高质量发展新路之上。

那么，当DeepSeek重新定义了AI技术的发展方向时，我们不禁要问：DeepSeek的标志性模型R1是世界上第一款推理模型吗？

2 出圈之作：开源的推理大模型R1

在上一节中，我们简要回顾了DeepSeek的大模型发展之路，每一个新产品的发布都堪称其创新的里程碑。特别是王牌模型R1，将DeepSeek推到了聚光灯下，成为全世界的焦点。我们不禁要问：R1是世界上首款推理模型吗？

实际上，OpenAI在2024年9月便发布了效果同样惊艳的推理大模型o1。然而，o1的惊艳效果并未能引发广泛的关注，这主要归因于其模型闭源策略和高昂的使用成本。相比之下，R1凭借的正是其开源、低成本、高透明的特性，在2025年春节期间迅速走红，成为科技界的焦点。

❶ R1：开源推理大模型的曙光

在R1诞生之前，OpenAI的o1模型已经以其强大的推理能力在AI领域受到关注。然而，o1的闭源策略和半公开思维链（仅公开优化后步骤）如同一道高墙，将大多数开发者和企业拒之门外。用户只能通过API调用“黑箱”服务，既无法理解模型的思考逻辑，也难以进行二次创新。这种模式下，用户就像驾驶一辆无法打开引擎盖的跑车，虽然能享受速度，却失去了理解、改造与超越的可能。

R1的横空出世，彻底打破了这一局面。它不仅开源了模型代码，还附赠了完整的技术说明书，甚至允许用户自由修改引擎结构。这种从被动接受到主动创造，从封闭使用到开放协作的转变，正是开源生态的核心魅力所在。如果说o1是高端餐厅里限量供应的精致料理，那么R1就像是将整个后厨对公众开放、价格亲民的米其林厨房，让每个人都有了品尝并参与创造顶级AI技术大餐的机会。

AI 作图

图 3-3

❷ R1引领的AI技术突破

架构创新上，自主研发的多头潜在注意力（MLA）机制通过并行化潜在语义空间建模，使模型能同时捕捉输入数据的多层次抽象特征。训练模式上，V3模型与R1-Zero模型的多阶段联合训练，实现了推理能力和知识储备的双提升。算法优化上，R1采用了混合专家架构（MoE），该架构类似于多个专业顾问团队的合作模式，每次仅激活与任务相关的专家，从而显著降低整体计算负担。此外，R1还引入了多令牌预测（MTP）技术，该技术能够同时预测多个令牌，使得推理速度更快、准确性更高。从底层优化来看，R1通过PTX级编程对GPU效率进行了深度优化，进一步降低了算力要求。

这一系列技术创新，从架构设计到落地部署，全面推动了AI技术的进步与普及。

❸ R1探索的用户体验创新

R1在应用创新方面探索了全程公开思维链的设计，这一透明化设计使得用户能够全程见证AI的推理过程，包括试错、分支路径等原始推理细节，这与仅公开优化后步骤（隐藏中间计算与纠错逻辑）的o1模型形成鲜明对比。

全程公开思维链的设计将“AI黑盒”变成了“AI白盒”，从根本上解决了AI可解释性差的问题，在教育、科研等领域迅速引发深刻变革。以编程教学为例，R1不仅能够提供最终代码，还能逐步解释代码背后的深层逻辑，帮助学生更好地理解编程思想和算法原理，进而提升学生的学习效率和兴趣。

❹ R1带来的成本全面降低

在成本优化方面，R1也展现出了明显的优势。据公开数据显示，R1的API调用成本仅为OpenAI o1的3%至5%，相当于将高端跑车的性能装进了家用轿车的车身。这一极致性价比使得更多开发者和企业能够轻松负担起AI技术的使用成本，从而有效推动了AI技术普及和产业落地。

更为重要的是，DeepSeek开源了一个满血版R1大模型（761B）和六个蒸馏版本[①]（1.5B/7B/13B/33B/50B/70B），允许用户下载后在本地部署模型，这不仅增强了数据隐私的保护，还赋予了用户更高

---

① 蒸馏版本：指通过知识蒸馏技术从大型预训练模型中提炼出的小型模型。蒸馏版本的主要意义在于提高计算效率的同时保留大型预训练模型的关键性能特征。它具有更快的响应速度和更低的部署成本，适合于边缘设备或实时交互需求较高的场合。

的灵活性，使其能够根据自身需求和预算选择更适合的使用方式。

那么，在R1的成功背后，到底有哪些具体的技术创新点？

3 盘点R1的主要创新技术

在R1的背后，一系列技术创新点共同支撑起了这一强大模型的诞生，实现了系统级的整体效率提升。

❶ 架构优化：多头潜在注意力（MLA）机制

从“分头行动”到“高效协同”：MLA的设计哲学

想象一下，你正置身于一场盛大的音乐会，舞台上，交响乐团正激情澎湃地演奏着一曲复杂而华丽的乐章。

小提琴组如同优雅的舞者，轻盈地跳跃在旋律的浪尖；打击乐组则像是一群充满活力的鼓手，以节奏感十足的节拍引领着整场演出的节奏；铜管组则以其浑厚的声音，为整个乐章提供了坚实的和声支撑。

每一个声部，每一个乐器，都在自己的领域内发挥着独特的作用，但它们又紧密地协作在一起，共同创造出震撼人心的音乐体验。

在AI模型的世界里，传统的“多头注意力机制”正是这样一种分工协作的体现。它允许模型同时关注文本中不同位置、不同类型的特征，就像交响乐团中的每一个声部都在为整个乐章贡献自己的力量。

然而，随着文本序列长度的增加，这种机制却面临着巨大的挑战。为了捕捉到文本中所有的关键信息，模型需要保存和计算海量的中间数据，这就像交响乐团中的每一位乐手都需要随身携带整个乐谱库，不仅增加了演奏的难度，也极大地消耗了资源。

DeepSeek团队提出的“多头潜在注意力”（Multi-head Latent Attention——MLA）机制，正是为了解决这个问题而诞生的。

和传统的多头注意力机制相比，“潜在”是什么意思呢？

MLA机制通过引入低秩联合压缩技术，将注意力机制中的键（Key）和值（Value）压缩为低维潜在向量，就像交响乐团中的指挥家简化乐谱一样。他不会让乐手们直接处理原始的乐谱，而是先将乐谱的精华提炼成简化的指挥手势——低维潜在向量。这样一来，乐手们只需根据这些简化的指挥手势进行演奏，就能在保证音乐质量的同时，大幅降低演奏的难度和资源消耗。

就像交响乐团中的指挥家通过简化指挥手势，让乐手们能够更轻松地演奏出美妙的音乐一样，MLA机制也让AI模型在处理长文本时能够更加高效、精准。

MLA的核心技术

要更深入理解MLA机制的创新之处，我们可以将其类比为城市交通系统的优化。

在传统注意力机制中，每个数据节点（就像城市交通系统中的车辆）都需要与其他所有数据节点交换位置信息，以计算注意力权重。这就像在城市交通系统中，每辆车都需要与其他车辆进行通信，以确定最优的行驶路线。然而，随着车辆数量的增加，这种通信成本会急剧上升，导致交通拥堵和计算复杂度增加。

MLA机制的突破在于它如同一个多交通枢纽系统，首先将复杂的信息流通过投影操作简化并汇总到低维空间，类似于将来自不同方向的信息采集到多个交通区域枢纽。随后，这些信息通过并行计算方式被快速处理，就像多个交通枢纽同时协同运作，处理来自不同方向的交通信息数据，并给出综合决策分析。这种协同处理确保了信息的快速流通和准确导航，显著提升了整个交通系统的运行效率，减少了不必要的拥堵和延误。

图 3-4

以上信息处理中，有一个关键思路，就是以信息空间维度的转换来换取信息处理时间效率的提升。

这种信息处理方法主要包含三个步骤：信息压缩、解耦计算和动态重建。

信息压缩：这一步就像将长篇报告浓缩成思维导图。MLA 机制通过线性变换将每个 Token 的 Key 和 Value 映射到低维潜在空间。这种压缩不仅减少了数据的维度和计算量，还保留了关键信息。

解耦计算：与传统架构不同，MLA 机制对 Key 的头部维度进行解耦。这意味着每个头部可以独立地处理压缩后的 Key 和 Value 向量。这种解耦使得模型能够更灵活地捕捉局部与全局特征的关联。

动态重建：通过潜在向量重建原始信息的核心特征，就像建筑师根据设计草图还原建筑细节一样。MLA机制在压缩和解耦的基础上，通过动态重建恢复了原始信息的关键结构。这一步本质上是从潜在空间升维还原的过程，不仅保留了关键信息，还剔除了冗余的装饰性信息。

这种设计的精妙之处在于它能够在保证信息提取精度的同时，大幅降低计算复杂度和资源消耗。

MLA的应用突破

MLA机制不仅在理论上具有革命性，在实际应用中也有出色的表现。在机器翻译任务中，MLA机制展现出了惊人的效率优势。以英法互译为例，传统模型需要逐词计算注意力权重，就像用放大镜逐个检视词典一样耗时费力。而MLA机制则能够像卫星地图一样快速定位关键地标并找到相关地标之间的联系，实现上下文语境的准确高效翻译任务。

同时，MLA机制还赋予了模型处理超长文本的“场景记忆力”。以法律合同分析为例，传统模型在阅读到合同的后半部分时，往往难以记住前半部分的关键条款。而MLA机制通过低维投影建立的长期依赖链，就像给律师配备了智能书签系统一样。即使面对长达500页的并购协议，MLA机制也能快速调取“违约责

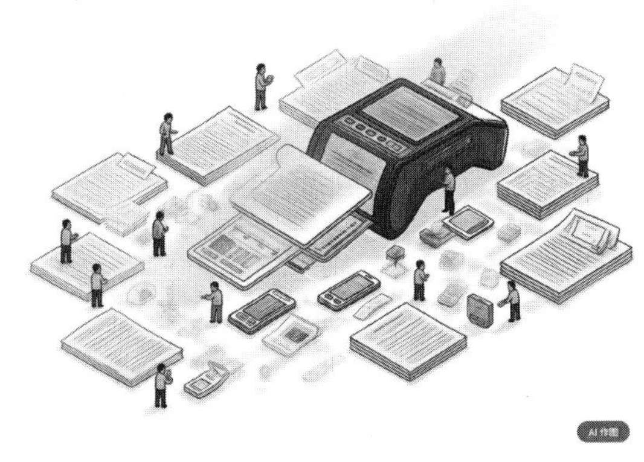

图3-5

任”“支付条款”等核心要素，为法律专业人士提供有力的支持。

除了机器翻译和法律合同分析之外，MLA机制还在文本分类、情感分析、摘要生成等多个领域展现出了广泛的应用前景。它不仅能够提高模型的准确率和响应速度，还能大幅降低计算复杂度和资源消耗，为AI技术的普及和应用提供了有力的支持。

MLA的技术启示

DeepSeek团队在设计MLA机制时展现出了独特的工程哲学和创新精神。这种先降维再升维的思路与AI中广泛应用的另外一个重要技术“扩散原理”异曲同工，都是通过信息空间维度的转换来换取信息处理时间效率的提升。

这种创新，本质上是对大模型发展技术路线的反思：未来的AI竞争不一定必须走参数规模的路线，架构效率提升也许可以四两拨千斤。一味地增大模型参数规模，面临着计算资源消耗大、过拟合风险高等问题，而每一个技术细节的效率提升，都会随着参数量级的增加显著放大，带来规模化收益。

那么，在优化注意力机制后，DeepSeek还做了哪些创新？

❷ 训练革命：多模型多阶段联合训练的进阶之路

除了架构体系的优化，DeepSeek还在训练方式上做了颠覆式的创新。在DeepSeek的AI进化实验室中，模型训练经历了颠覆性的范式演变，其中R1模型的两个重要版本——R1-Zero和标准R1的训练范式创新，尤为引人注目。

在DeepSeek的AI进化之路上，R1-Zero和R1虽然是同时发布的大模型，但两者的训练方式有着明显的先后顺序，体现了明显的多模型多阶段联合训练的思路。

R1-Zero：强化学习引领的“野性探险家”

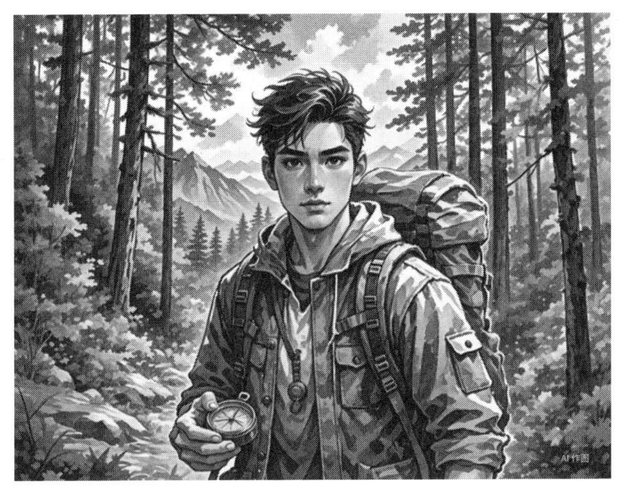

图 3-6

R1-Zero 阶段标志着模型训练领域的一次重要创新尝试。在此阶段，传统的监督学习方式被完全摒弃，取而代之的是一种基于 V3 基座的纯强化学习（RL）训练模式。这一转变意味着模型不再依赖于预设的教材或指导，而是被置于一个数据环境相对匮乏（即“冷启动的数据荒野”）中进行训练。

在纯强化学习的框架下，模型被赋予了一个明确的目标，并通过试错的方式不断逼近这一目标。具体而言，模型在训练过程中会接收到来自环境的反馈信号，这些信号通常以奖励或惩罚的形式出现，用以指示模型的行为是否接近或偏离了目标。通过这种方式，模型能够逐渐学会如何在没有直接指导的情况下，通过探索环境来找到达成目标的最优策略。

R1-Zero 正是通过这种强化学习机制，在数据荒野中进行了广泛的自主探索。它逐渐发展出了一套独特的、适应于当前环境的策略体系。这种训练方式赋予了 R1-Zero 强大的自主进化能力，使其能够随着环境的变化而不断调整和优化自身的行为模式。

尤为值得注意的是，R1-Zero的动态思维链在这一训练过程中得到了显著的发展。动态思维链是指模型在处理复杂问题时所展现出的连续、有逻辑的推理过程。它能够生成超长的推理笔记，详细记录并解释每一步的推理依据和结果。这种能力使得R1-Zero在面对复杂的开放问题时，能够像侦探一样进行深入的分析和拆解。

具体来说，当R1-Zero面对一个复杂的开放问题时，它会首先明确问题的核心要点和关键信息。然后，它会利用动态思维链进行逐步推理和分析，逐步缩小问题的范围并逼近最终的解决方案。在这个过程中，R1-Zero会不断生成新的假设、验证这些假设的有效性，并根据反馈信号调整自己的推理路径，最终通过一系列连贯、有逻辑的推理步骤，找到问题的解决方案并给出清晰的解释。

然而，R1-Zero的输出往往存在语言混杂的问题。例如，在安排一个包含会议、午餐和电话会议的日程时，R1-Zero可能会输出如下内容：

<think>
首先，我们需要确定日程的起点，我们可以从上午9点开始。
接下来，我们有一个重要的活动在上午10点，这是英文的“meeting”。
然后，在中午12点，我们有一个午餐时间，这是中文的“午餐”。
午餐后，我们有一个下午2点的活动，英文叫“phone call”。
最后，我们可以把日程定在下午5点结束。
</think>
<answer>
今天的日程安排如下：上午9点开始，10点有一个重要的meeting，12点午餐，下午2点一个phone call，5点结束。
</answer>

在这个例子中，虽然R1-Zero成功安排了日程，但其输出中混合使用了中英文来描述不同的活动，这种语言混杂现象在一定程度

上影响了输出的可理解性。

标准R1：优雅表达的“学院优等生”

为了解决R1-Zero阶段存在的输出语言混杂等问题，DeepSeek给出了一套多阶段联合训练范式：基于R1-Zero训练V3，生成进化后得到新V3；再用新V3进行语言一致性等针对性训练，得到标准R1（此处仅对训练流程作概括性描述，实际训练步骤比此处描述的要复杂很多，有兴趣的读者请自行阅读DeepSeek公开发布的R1训练论文）。

图3-7

改进后的标准R1输出更加符合人类阅读习惯。例如，对于上述日程安排问题，标准R1可能会输出如下内容：

<think>
首先，我们确定日程从上午9点开始。
接着，上午10点安排了一个重要的会议。
中午12点，我们安排了午餐时间。
午餐后，下午2点有一个电话会议。
最后，日程在下午5点结束。
</think>
<answer>
今天的日程安排为：上午9点开始，10点会议，12点午餐，下午2点电话会议，5点结束。
</answer>

在这个例子中，标准R1的输出更加清晰、易懂，全部使用了中文来描述日程安排，没有混合使用其他语言，使得输出更加规范

和一致。

需要注意的是，来自 Vectara HHEM 2.1[①]（专门用于捕捉幻觉的区分模型）的测量结果，DeepSeek-R1 的幻觉率为 14.3%，远高于 DeepSeek-V3 的3.9%。来自其他测量工具（如Google的FACTS）的测量结果也支持R1模型的生成幻觉率明显高于V3模型这一结论。

那么，什么是“幻觉”呢?

通常认为“大模型幻觉”是指，模型生成内容（如文本）不遵循原文或者不符合事实。“幻觉”的本质是统计概率驱动的“合理猜测”。

它通常有两个特点：表面合理性，即输出内容流畅且逻辑自洽，但包含与真实世界不符的细节或事实；不可验证性，即生成信息缺乏可验证来源，例如捏造学术文献、虚构历史事件或杜撰。

这两个特点通俗来讲，就是“一本正经地胡说八道”。从 R1-Zero—V3—R1 之间的多阶段联合训练这一过程看，推测“幻觉”可能主要来源于纯强化学习训练阶段，而在生成 R1 模型阶段，语言一致性问题得到有效解决，但“幻觉”问题解决效果还有提升空间。这是我们在实战应用中使用R1类推理模型时，要密切关注的问题，本书“第四篇：DeepSeek提示词高阶实战新策略”也会从用户实操层面给出避免“幻觉”的解决方案。

R1-Zero—V3—R1 之间的多阶段联合训练构成了一种独特的“交替进化螺旋”机制。这种基座模型与推理模型相互促进、交替成长的训练模式，为AI模型训练提升提供了一个新思路，很可能成为AI模型训练的下一个经典范式。

客观上，虽然强化学习不会增加推理模型的推理时间，但强化

① Vectara HHEM 2.1：由 Vectara 推出的幻觉评估模型，用于评估大型语言模型（LLMs）生成的文档摘要中幻觉的频率。该模型通过分析 LLM 生成的摘要与原始文档的一致性来判断是否存在幻觉现象。HHEM-2.1 模型在幻觉检测方面表现出色，并提供了开源版本供研究人员使用。

学习可能会导致模型在推理过程中进行更多计算或者考虑更多的可能性，降低用户体验。这个问题怎么解决？

❸ 算法进化：混合专家架构MoE的效率跃升

在AI领域，混合专家架构[①]（Mixture of Experts，简称MoE）通过将复杂任务分解为多个子任务，并由不同的“专家”网络分别处理，从而显著提升模型的效率和性能。这一架构的核心思想是“术业有专攻”，每个专家网络专注于解决特定类型的问题，而门控网络则负责分配输入数据到最适合的专家子模型中。这种设计不仅提高了计算效率，还增强了模型在多任务学习中的表现能力。

需要指出的是，MoE架构不是DeepSeek发明的，但DeepSeek在传统MoE架构上做了较大创新，使得模型的性能和效率有了较大提升。

传统MoE架构

为了更好地理解DeepSeek的MoE架构创新点，我们先从传统MOE架构讲起。

举一个例子：假设你是一名作家，正在撰写一部涵盖多个主题的小说，包括爱情、冒险、科幻和历史。在传统的方法中，你试图用一个单一的“作家大脑”（即单一模型）来完成所有这些主题的描写。但就像作家在面对多个主题时可能会感到力不从心一样，单一模型在处理多种任务时也可能效率不高。

为了提高效率，你可以将写作任务分解为多个子任务，每个子任务由不同的“专家”来完成。比如，一个专家负责爱情描写，一

---

① 混合专家架构：英文简称MoE，一种将多个专门的子模型（称为“专家”）组合在一起的机器学习架构。通过一个门控网络来动态地决定在处理每个输入时应该使用哪些专家，从而利用多个专家的优势来处理复杂的任务，提高模型的性能和泛化能力。混合专家架构能够处理更复杂、更广泛的任务，并在保证性能的前提下降低模型的计算成本和参数规模。

个专家负责冒险情节，另一个专家负责科幻设定，还有一个专家负责历史背景。这样，每个专家都能专注于自己的领域，从而提高写作效率和质量。

图 3-8

在传统MoE架构中，“专家”就是专注于解决特定类型问题的神经网络，而决定哪位“专家”来写哪部分内容的“门控网络”则类似于一个“图书管理员”，它根据输入数据的特征（小说的不同主题）动态选择最合适的专家进行处理。这种选择是基于复杂的算法和模型训练得到的，类似于图书管理员通过分析书籍的内容来决定将其放在哪个书架上。

DeepSeek的MoE架构创新

DeepSeek在传统MoE架构的基础上进行了创新优化，这些创新包括细粒度专家分割、专家数量与激活策略的优化、共享专家机制的引入、动态路由机制以及无辅助损失的负载均衡策略等技术。

专家分割粒度

传统MoE技术：每个专家负责处理相对广泛的输入领域，类似于图书馆中的综合书架，虽然书籍按类别摆放，但每个书架仍包含多个领域的书籍。当你需要找一本特定领域的书时，可能需要在书架上的多个区域翻找。

DeepSeek MoE技术：专家被进一步细分，每个专家只专注于处理特定的小范围输入。这就像是专业图书馆中的专题书架，每个书架上的书籍都只涉及一个非常具体的领域。当你需要找一本特定领域的书时，你可以直接走到那个领域的专题书架前，快速定位到所需的书籍。

专家数量与激活

传统MoE技术：专家数量有限，且每次处理输入时可能需要激活多个专家来共同完成任务。这就像一个团队中人数不多，但每个人都需要承担多项任务，可能会导致效率不高。

DeepSeek MoE技术：拥有大量专家，但每次处理输入时只激活少数几个最相关的专家。这就像是一个拥有众多专业技能人才的组织，在执行特定任务时只派遣最适合的专家小组，既保证了任务的高效完成又降低了成本。

共享专家机制

传统MoE技术：每个专家都独立工作，没有共享机制，可能导致资源浪费和重复劳动。这就像一个公司里各个部门都各自为政，缺乏资源共享。

DeepSeek MoE技术：引入共享专家机制，部分专家在不同令牌或层间共享参数。这就像公司里的共享服务部门或平台，为多个部门提供统一的服务和支持，减少了重复劳动和资源浪费，提高了整体效率。

路由机制

传统MoE技术：路由机制可能较为简单，只是简单地将输入分配给不同的专家，可能存在负载不均的问题。这就像是一个交通路口的固定信号灯控制，虽然能按照一定规则分配车流，但难以应对实时变化的交通状况。

DeepSeek MoE技术：采用动态路由机制，通过门控网络从多个专家中选择最相关的专家处理输入。这就像是一个智能的交通管理系统，能够根据实时路况和交通流量动态调整信号灯配时和车道分配，确保交通顺畅无阻。

负载均衡策略

传统MoE技术：可能依赖辅助损失函数来实现负载均衡，但这可能会增加模型的复杂性和训练难度。这就像是一个需要借助外力（如调整信号灯配时）来维持交通顺畅的路口，一旦外力消失或调整不当就可能导致交通拥堵。

DeepSeek MoE技术：采用无辅助损失的负载均衡策略，通过动态调整专家的激活概率来优化负载分配。这就像是一个自适应的交通管理系统，能够根据实时交通流量和路况自动调整信号灯配时和车道分配策略，确保交通顺畅且稳定。这种策略使得模型在处理复杂任务时能够更加高效和稳定地分配计算资源。

图 3–9

DeepSeek MoE技术与传统MoE技术的详细比较及创新点：

表3-1

比较点	传统MoE技术	DeepSeek MoE技术
专家分割粒度	较粗，每个专家处理较大范围的输入	更细粒度，每个专家负责更小、更专业的输入空间，提高模型表达能力和泛化性能
专家数量与激活	专家数量相对较少，每次激活的专家数量可能较多	大量专家（如DeepSeek-V3使用256个专家），但每次激活的专家数量较少（如8个），降低计算成本
共享专家机制	通常没有共享专家机制	引入共享专家隔离机制，部分专家在不同令牌或层间共享参数，减少模型冗余，提高参数利用效率
路由机制	路由机制可能较为简单，存在负载不均问题	动态路由机制，通过门控网络从多个专家中选择最相关的专家处理输入令牌，提高模型灵活性
负载均衡策略	可能依赖辅助损失函数，影响模型性能	无辅助损失的负载均衡策略，通过动态调整专家偏置参数优化负载分配，避免依赖辅助损失函数的负面影响

在混合专家架构MoE模式创新的基础上，DeepSeek还有办法提升响应速度吗？

❹ 工程突破：多令牌预测MTP提升性能

在混合专家架构MoE模式创新的基础上，是否还能进一步提升模型的训练和推理速度呢？这就像是在一条已经相当顺畅的高速公路上，寻找让车流更加流畅的方法。答案是肯定的，DeepSeek团队通过引入MTP（Multi-Token Prediction，多令牌预测）技术并进行实用化创新，实现了工程突破。

MTP技术最早由Meta的AI研究团队在ICML 2024会议上提出，但并未开源MTP的具体实现。DeepSeek团队将该技术思想进行工程化应用，大幅度提升训练效率。

预测机制革新

传统MTP（如Meta方案）通过独立模块并行预测多个Token，但却破坏了因果链。就像是一群厨师同时做几道菜，每道菜之间没有什么关联。有的厨师可能擅长做川菜，有的擅长做粤菜，但他们互不干扰。这样虽然可以并行处理，但每道菜之间的味道和风格可能并不协调，就像独立模块并行预测多个Token，可能会破坏因果链，导致预测结果之间缺乏连贯性。

DeepSeek的MTP采用顺序模块预测，每个模块仅依赖前序输出，既保持因果性又支持多Token预测。就像不同菜系的厨师分组烹饪，每组先规划再烹饪整桌菜。每道菜的味道都基于前一道菜的味道确定，确保每道菜之间既有区别又相互协调。

架构整合优化

DeepSeek采用了共享嵌入层和独立Transformer块的设计。共享嵌入层有助于减少内存开销，而独立Transformer块则允许每个模块

图 3-10

独立处理输入，从而提升计算效率。这种设计在一定程度上有助于维持模型的稳定性，因为共享嵌入层确保了输入表示的一致性，而独立Transformer块则允许模型灵活调整每个模块的参数和结构。

这可以理解为一个大型厨房的运营模式。共享嵌入层就像是厨房的公共准备区，所有“厨师”（即独立Transformer块）都可以在这里取用食材和工具进行初步处理。这样，食材的准备和初步加工就变得更加高效和有序。而独立Transformer块则像是各个专业的烹饪站，每个站点的“厨师”根据自己的专长进行精细加工和烹饪。

动态验证体系

训练时，基于分层交叉熵损失实现多token预测验证；推理时，结合自推测解码动态调整预测步长，避免错误传播。自推测解码是一种加速推理的方法，它允许模型在推理过程中动态调整预测步长，从而避免错误传播。

这可以理解为厨房的质量检查员，他会对每道菜进行打分和评价，确保每道菜都符合标准。而自推测解码则像是厨师根据质量检查员的反馈，动态调整自己的烹饪速度和步骤，以避免错误和浪费。

训练推理协同

训练阶段通过多token联合分布建模增强数据效率，推理时利用预测结果加速生成（“自回归分块”机制）。

图3-11

多token联合分布建模：想象一下，厨师在训练阶段是一个厨艺学校的学生。他不仅要学习每道菜的独立烹饪技巧，还要学习如何同时准备多道不同的菜肴。这就像模型在训练阶段学习多token联合分布建模，不仅要学会单独预测每个token，还要学会如何同时预测多个token，从而增加训练信号的密度，提高数据利用效率。厨师在学习阶段，会尝试不同的烹饪顺序和时间管理技巧，以确保每道菜都能在最佳状态下上桌，正如模型通过调整参数和结构来优化多token的预测效果。

自回归分块机制：到了推理阶段，这位厨师已经成长为一位经验丰富的餐厅主厨。他不再需要像学生时代那样一步步地尝试和摸索，而是可以直接运用自己丰富的烹饪经验，快速且准确地完成每一道菜肴。这就像模型在推理阶段利用自回归分块机制，基于之前的预测结果来加速生成过程。主厨能够预见到接下来需要准备哪些食材，以及如何最优地组合它们，从而迅速完成整道菜肴的制作。

图 3-12

当软件层面的效率优化已经接近天花板，硬件层面有办法通过创新打开新天地吗？

❺ 底层切入：PTX级编程为降低算力门槛提供了新思路

作为AI的三大基础之一，算力已经成为推动技术进步的关键要素。然而，高性能硬件的高昂成本常常让许多研究者望而却步。特别是在软件层面的优化已经接近天花板的情况下，人们不禁要问：当软件层面的努力难以再带来显著的性能提升时，硬件层面是否还有创新的空间？答案是肯定的，而DeepSeek团队给出的解决方案，就是PTX级编程。

PTX，即并行线程执行指令集，是位于CUDA驱动层内部的一个组件，在CUDA高层语言与低级机器代码（SASS）之间，扮演着“中间人”的角色。与CUDA高层语言相比，PTX提供了更大的灵活性和更高的效率。它让开发者能够深入到GPU的底层架构，对寄存器分配、线程调度等硬件细节进行细粒度优化。

这种“手动挡”的编程方式，虽然难度更高，但却能在特定场景下实现超越CUDA默认优化的性能提升。

从“自动挡”到“手动挡”的操控感提升：想象一下，你正在驾驶一辆汽车。CUDA高层语言就像是汽车的“自动挡”，它让驾驶变得简单而舒适，但性能却受限于预设的换挡逻辑。而PTX级编程则像是切换到“手动挡”，你可以根据自己的需求，精准地控制换挡时机，从而发挥出汽车的最大性能。

在AI训练领域，这种“手动挡”的编程方式尤为重要。因为AI模型对算力的需求是极其庞大的，任何一点性能的提升，都能带来显著的成本节约和时间节省。DeepSeek团队正是通过PTX级编程，对GPU资源进行了极致优化，让相对低性能的硬件焕发出新的生机，成功提升了AI模型的性能。

图3-13

当然，PTX级编程并不是一条坦途。它要求开发者对GPU硬件架构有深入的理解，并且需要花费大量的时间和精力进行手

图 3-14

动优化调优。这就像是一位画家，在创作一幅杰作之前，需要经过多年的磨砺和练习。

不过，随着AI产业落地效率提升的巨大需求，越来越多的开发者开始关注PTX级编程。这种“放弃便利，追求效率”的开发理念打破了传统“高算力才能出好效果”的认知，让相对低性能的硬件也能在AI训练中发挥重要作用。这种思路的转变就像是一场“思维革命”，它让开发者们开始重新审视硬件与算法之间的关系。

表 3-2

技术层级	汽车驾驶类比	性能与易用性
传统GPU编程	手动挡赛车(直接操控离合器换挡)	性能高,但极难驾驭
CUDA生态	自动挡汽车(踩油门即可加速)	易用性强,性能受编译器限制
DeepSeek PTX优化	自动挡+换挡拨片(手动介入关键操作)	保留易用性,逼近手动挡的极限性能

在推理性能显著提升之后，如何让这些技术综合效能最大化，真正实现赋能AI产业落地？

4 开源战略：加速AI生态的全新洗牌

在上一节中，已经探讨了DeepSeek如何通过一系列创新技术，彻底改变了AI发展的技术路径。那么，当DeepSeek以整体的系统级创新改变AI发展的技术路径后，如何将AI效能最大化，真正服务产业落地？答案就是：开源战略。

❶ 开源战略：技术普惠的催化剂

DeepSeek开源发布了旗下大模型，使得开发者可以直接使用这些大模型进行推理或进一步的研究。同时，DeepSeek还以论文的方式详细披露了R1和R1-Zero的技术细节和训练流程。这一举动在业界无异于“顶级餐厅公开招牌菜的配方和火候控制秘笈”，让原本遥不可及的高端AI技术变得触手可及。

R1模型的开源策略遵循MIT License协议[①]。该协议的核心特性是高度开放与灵活性，允许用户自由使用、修改和分发代码及模型，仅需在衍生作品中保留原始版权声明。

图3-15

① MIT License协议：是一种非常宽松、开源友好的软件许可协议。该协议给予使用者很大的自由，允许软件被自由地使用、修改和分发，包括用于商业目的。只要在软件的副本或重要部分包含版权声明和许可声明，使用者基本可以按照自己的需求处置软件。这使得基于遵循MIT License协议的代码进行二次开发和传播十分便利，极大地促进了开源软件的发展，很多知名的开源项目都采用此许可协议。

这就像朋友借给你一辆自行车，允许你随意骑行、改装甚至转售，唯一要求是保留车架上原有的“借出者姓名”标签。你无须支付费用，也无须告知对方用途，但若改装后出现问题，对方不承担责任。这种“自由使用+保留署名”的规则，正是MIT License的核心精神。

这种开放性使得开发者能够灵活调整模型的架构，或者基于R1的不同参数版本（参数范围在15亿到6710亿之间，即1.5B到671B）训练专属版本。

❷ 开源战略对AI生态的影响

DeepSeek的开源战略不仅促进了技术的普及和应用，还引发了AI生态的重构。2025年2月24日，全球最大开源AI社区Hugging-Face联合创始人兼首席执行官Clement Delangue发布了最新数据：中国开源大模型DeepSeek-R1在150万个模型中，成为该平台最受欢迎的开源大模型，点赞超过1万。而不久前，Clement Delangue还特意发文恭喜DeepSeek-R1的下载量超过1000万次。越来越多的开发者开始参与到AI技术的研发中来。他们结合各自的专业知识和实际需求，不断推动着AI技术的创新和发展。

这种开放协同的模式打破了传统科技巨头对AI技术的垄断地位，形成了更加多元化的创新生态。正如Android系统早期通过开放策略吸引开发者一样，DeepSeek的开源战略也吸引了大量的开发者加入到AI生态的建设中来。他们共同探索新的技术路径和应用场景，为AI技术的发展注入了新的活力和动力。

DeepSeek的开源战略还引发了产业震荡。传统AI巨头感受到了来自开源社区的巨大压力，不得不调整自己的商业模式和战略方向，开始尝试通过降低价格、优化服务等方式来应对挑战。

同时，开源战略也促进了硬件产业的重构。R1模型对异构计算架构的优化使得GPU不再是唯一选择。多家国产芯片厂商抓住机遇推出了定制AI加速卡，在特定场景下性能媲美英伟达A100但价格却只有其三分之一。这种“去中心化”的趋势甚至引发了全球半导体供应链的调整，为硬件产业带来了新的发展机遇。

❸ 开源战略对国际科技发展格局的影响

美国的技术壁垒建立在“闭源、专利、授权”的高墙之上，这套体系确保了“技术在我手，利润归我有”。然而，DeepSeek的开源战略就像一把钥匙，从侧面打开了墙门上的锁，以四两拨千斤的方式巧妙地打破了美国对技术的垄断和封锁，使得更多的国家和地区能够参与到AI技术的研究和应用中来。

图 3-16

随着DeepSeek的开源战略逐渐深入人心，越来越多的国家和企业开始意识到开源技术的重要性和优势。他们开始积极投入到开源技术的研究和应用中来，推动全球科技发展的多元化和平衡化。这不仅有助于打破美国的技术霸权地位，还有助于促进全球科技发展的公平竞争和合作。

❹ 开源战略对产业盈利模式的影响

传统上，许多AI企业依靠API订阅制等商业模式来获取利润。然而，随着DeepSeek等开源技术的兴起，这种商业模式正面临着前所未有的挑战。由于开源技术降低了技术门槛和成本，使得更多的企业和个人能够参与到AI技术的研发和应用中来。这导致市场竞争日益激烈，API订阅制等商业模式的盈利能力逐渐下降。

以DeepSeek的R1模型为例，其以远低于市场预期的成本达到了与先进模型相近的推理表现。这使得许多企业和个人不再需要以高昂的费用购买API服务，而是可以直接使用开源的R1模型进行推理和应用。据统计，仅发布一个月，DeepSeek的模型在开源社区HuggingFace上的总体下载量就飙升至200多万次，分支项目超过2.7万个。这充分说明了开源技术对产业盈利模式带来的巨大冲击和挑战。

❺ 开源生态的指数级效应

DeepSeek的开源战略不仅改变了AI生态的格局，还揭示了技术普惠的重要性。当技术普惠程度突破临界点时，将会触发“创新密度”的指数级增长。正如Linux操作系统通过开源孕育出了云计算生态一样，R1模型及其后继者也正在催生新的技术范式。

在这种开放协同的模式下，每个改进方案都可能成为下一个突破的基石。这种指数级的增长效应不仅将加速AI产业化进程，还将重新定义技术进步的社会价值。知识垄断的高墙被推倒后，创新的火炬正在传递给每一个怀揣想法的个体。可以预见，在未来的AI领域中，DeepSeek将见证更多来自普通开发者甚至是非专业人士的创新和突破。他们将成为推动AI技术不断前进的重要力量。

那么，当DeepSeek通过开源战略彻底改变了AI生态的格局后，普通用户将如何在这场AI变革中获益呢？

第 四 篇

DeepSeek 提示词高阶实战新策略

When AI Awakens:
DeepSeek Charting the Future
of Intelligence

在AI技术普惠化的浪潮中，DeepSeek将实验室中的顶尖算法转化为普通人触手可及的生产力工具。本篇以“DeepSeek实战赋能”为核心视角，揭秘如何让R1大模型成为每个人AI办公进化的加速器，为用户呈现从基础操作到高阶策略的全栈指南。

基础实战中，我们结合V3通用大模型和R1推理大模型的原理区别，帮助用户深刻理解其在使用提示词策略时整体框架层面的不同。通用模型往往需要用户通过思维链（CoT）的方式来写提示词，以辅助大模型构建完整的逻辑路径，确保思维的连贯性和完整性；而R1模型则凭借其强大的自主探索能力，实现推理过程的自我优化，主动构建思维链，提升推理效率和准确性。

高阶策略上，用户需要通过多轮问答的调优以提升R1大模型的使用效果。本篇提供了“三大通用调优指令”，旨在帮助用户快速提升输出质量，确保AI生成的回复变得精准。同时，针对有基础参考材料的文案类任务，本篇还给出了“四大文案步骤”，为用户提供了一个万能公式，无论是撰写广告文案、产品描述还是社交媒体内容，都能触类旁通，事半功倍。

然而，在使用R1大模型的过程中，用户也需要密切关注其可能存在的“幻觉”问题。相较于V3模型，R1模型的“幻觉”问题更为突出，需要用户在实际使用中给予更多关注。为此，本篇提供了六项具体措施，旨在帮助用户有效降低幻觉问题的发生概率，确保AI生成的回复更加可靠、可信。

最后，在用户使用AI工具完成相关任务的过程中，本书给出了包括“把AI工具当搜索引擎使用”在内的七大重要认知误区，帮助用户实现对AI应用的认知从“术”向“道”转变，在更高维度实现认知跃迁。

认知基础——实战前的准备

提示词，是指用户输入的文本或指令，用于引导模型生成特定类型或符合预期的输出。更通俗地讲，就是如何向大模型提问，让大模型尽可能按照用户期待生成回复内容的艺术。

随着DeepSeek的全面普及，个人用户如何更好地使用提示词，已经从选修课变成了必修课。而提示词使用的基本原则，其实就藏在本书前面所讲述的DeepSeek的前世今生之中。

DeepSeek（以及所有大模型）本质上都是以神经网络为主要技术路线，那么神经网络的输出就是一个概率最大的可能结果，而不是绝对结果。所以，“提示词优化”本质上就是通过用户提问内容的改变，让大模型生成越来越符合用户预期的过程。

既然输出是一个概率结果，那么就存在结果和实际不符的情况，也就是出现“幻觉”。在“第四篇第三章第二节——训练革命：多模型多阶段联合训练的进阶之路”中，我们指出了R1类推理大模型相比V3类通用大模型幻觉率偏高的问题，所以“尽可能地减轻幻觉”思想也会贯穿在R1的实战各环节，希望引起读者的重视。

1 一个操作，真正用上R1大模型

考虑到目前用户使用需求主要集中在R1大模型，本节默认以

R1大模型为实战对象，并辅助以V3大模型作为效果对比展示，通过实战演示快速提升读者的DeepSeek应用水平。

虽然大量应用平台相继上线了DeepSeek R1满血版，但一个容易被忽视的问题是，用户在使用这些宣布已经接入R1大模型的平台提供的AI问答服务时，并不是默认都使用了R1模型生成回复。

关键的操作在于，必须勾选“深度思考（R1）”功能项，否则将使用对应平台的通用大模型。我们前面探讨过，通用大模型是没有显式思维链推理过程展示的，推理大模型才有完整的显式思维链推理过程展示（详见“第三篇第二章第三节——R1探索的用户体验创新”），所以读者可以通过大模型回复的内容是否有推理过程判断是否用上了R1大模型。

❶ 使用官网问答

用户可以直接访问DeepSeek的官方网站，利用其在线问答服务进行交互。这种方式简单快捷，无须下载和安装任何软件，适合需要快速获取答案或进行简单测试的用户。

选择模型：在官网问答中，用户点击“深度思考（R1）”，按钮由白变蓝，即确认使用R1模型。否则，网页将默认使用V3模型。

图 4-1

"联网搜索"按钮为可选，选择后会在思考过程中调用互联网数据进行综合分析。

这里有一个值得思考的问题：加入网络上的实时信息，会让很多最新的信息加入到回复中，难道不是肯定会使回复效果变更好吗？那么，"联网搜索"功能本来就应该始终开启，为什么要作为可选项使用呢？

其实，在DeepSeek官网，"联网搜索"功能和"上传文件"功能目前是互斥选项，也就是说，当用户想让AI参考自己的个人文档内容去生成回复的时候，就不能在回复中增加网络搜索的内容。因为联网信息与个人文档可能出现冲突，特别是特定场景下的规范、规定，如某公司内部的规章制度，搜索出的网络信息与个人文档内容冲突时，联网搜索功能反而会引入互联网的一些错误信息，导致模型生成的幻觉率增加，影响准确性。

我是 DeepSeek，很高兴见到你！
我可以帮你写代码、读文件、写作各种创意内容，请把你的任务交给我吧~
给 DeepSeek 发送消息
联网搜索不支持上传文件
深度思考 (R1)
联网搜索

图 4-2

所以如果开启"联网搜索"功能后，回复得到的效果不好时，可以尝试关掉联网搜索，上传个人文档（若有）再次生成结果，对比回复结果进行选择性使用。

❷ 使用第三方平台问答

如果DeepSeek官网使用中出现无法提供服务的情况怎么办？

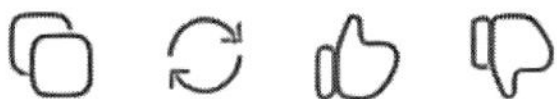

图 4-3

如果在使用DeepSeek官网服务时遇到无法提供服务的情况，有两种解决方案。

第一种方案，用户可以考虑使用其他平台的R1模型。目前接入R1模型的平台较多，比如秘塔AI搜索、百度AI搜索、纳米AI搜索，但是不管使用哪个平台，都会有R1模型的勾选按钮。只有勾选了该按钮，才会使用到R1模型。

以秘塔AI搜索为例进行实战演示。

秘塔是一个定位于纯净搜索引擎的平台，优势在于回复生成内容中，明确标注信息来源（如网站、文献等），确保信息可追溯、内容权威可靠。点击回复中的信息来源的标号，还可以直接跳转引用的链接文章或者文档，这对减轻“幻觉”问题有非常重要的作用。

进入秘塔平台官网，勾选“长思考 · R1”，即可使用推理大模型R1能力。

图 4-4

除了使用推理大模型R1以外，在秘塔上还有两个与使用R1密切相关的选项“先想后搜”和“先搜后扩”，这两种不同的研究模式，主要区别在于思考和搜索的顺序不同。

先想后搜：强调先进行思考和框架构建，再进行资料搜索和分析，这是秘塔的默认模式。这种模式采用“小模型＋大模型”协同架构，将深度推理的框架思考和步骤拆解部分交给R1，而信息搜索和资料整合则由秘塔自研模型完成。在这种模式下，模型可以在2-3分钟内完成数百个网页的搜索与分析，帮助用户快速收集信息并完成初步分析。

“先想后搜”主要适用于需要快速构建思考框架和初步分析的场景，如科研项目的初步调研、政策分析等，能够帮助用户快速收集信息并完成初步分析。

写一篇deepseek对行业的研究报告

研究模式 0

步骤拆解

好的，我现在需要帮用户分解如何撰写一篇关于DeepSeek对行业的研究报告的任务。首先，我得理解用户的需求。他们想要一份全面的行业分析报告，可能需要涵盖市场现状、竞争格局、技术趋势、商业模式等多个方面。

首先，我应该确定DeepSeek的基本信息，比如公司背景、主要业务和技术优势。这需要搜索公司的简介和核心产品。接下来，了解行业现状，包括市场规模、增长趋势以及主要参与者，这样能为报告提供宏观背景。

然后，需要分析DeepSeek在行业中的定位，比较竞争对手的情况，找出他们的优劣势。技术方面，要研究DeepSeek的核心技术，比如AI算法或数据处理能力，以及这些技术如何影响行业。商业模式也是关键，需要了解他们的盈利方式和合作伙伴。

步骤

DeepSeek公司简介及核心业务

人工智能行业市场规模及增长趋势

①中所在细分领域的竞争格局

①中核心技术优势与专利布局

①中商业模式与商业化路径

行业政策环境对①中的影响

用户对①中产品的市场反馈

最终回答

图 4-5

先搜后扩：先进行大量的资料搜索，然后再进行思考和整理。这种模式下，模型会先搜集大量资料，然后再进行思考和整理，类似于先干活再想策略的方式。虽然这种方式在资料收集方面可能更为全面，但在思考和整理的效率上可能不如“先想后搜”模式。

“先搜后扩”主要适用于需要大量资料支持的研究，如文献综述、历史研究等，可以先搜集大量资料，再进行整理和分析。

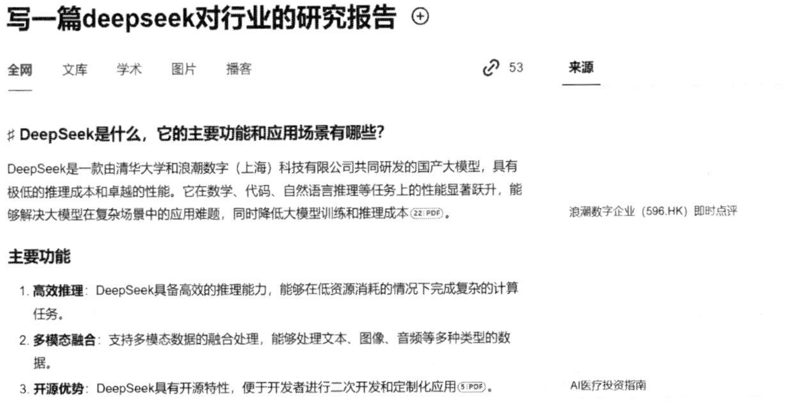

写一篇deepseek对行业的研究报告

全网 文库 学术 图片 播客 53 来源

DeepSeek是什么，它的主要功能和应用场景有哪些？

DeepSeek是一款由清华大学和浪潮数字（上海）科技有限公司共同研发的国产大模型，具有极低的推理成本和卓越的性能。它在数学、代码、自然语言推理等任务上的性能显著跃升，能够解决大模型在复杂场景中的应用难题，同时降低大模型训练和推理成本（22 PDF）。

浪潮数字企业（596.HK）即时点评

主要功能

1. **高效推理**：DeepSeek具备高效的推理能力，能够在低资源消耗的情况下完成复杂的计算任务。
2. **多模态融合**：支持多模态数据的融合处理，能够处理文本、图像、音频等多种类型的数据。
3. **开源优势**：DeepSeek具有开源特性，便于开发者进行二次开发和定制化应用（5 PDF）。

AI医疗投资指南

图 4-6

DeepSeek官网无法正常使用的第二种解决方案就是，选择其他类似的推理大模型：

除了直接接入R1大模型，部分大模型公司还在自研的通用大模型底座上，参考DeepSeek发布的论文中公开的R1训练思路，自研了推理大模型。这类型公司主要集中在具备大模型自研能力的公司，比如百度文心一言中的文心大模型X1、月之暗面团队的“K1.5长思考”模型。此类推理大模型中没有“R1大模型”相关选项，根据实际界面提示使用即可。

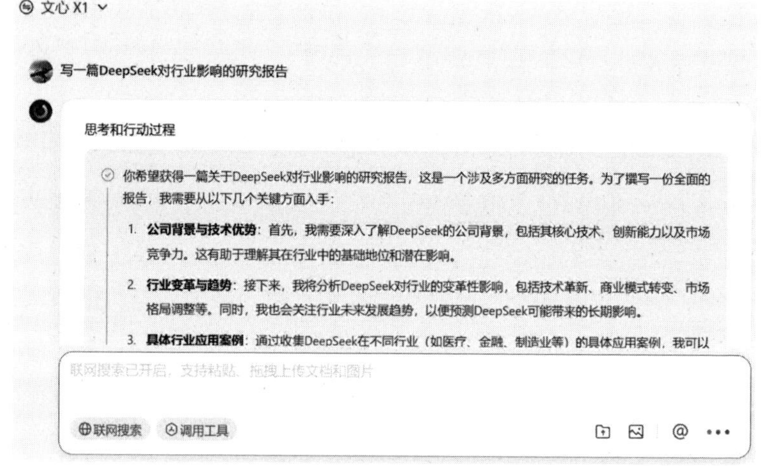

图4-7

通过以上方式，用户可以在DeepSeek官网无法提供服务时，继续使用高效的推理大模型能力。

2 两类模型，秒懂提示词策略的进阶使用

前面提到，DeepSeek的通用大模型V3和推理大模型R1，从训

练方式上看是“交替进化，螺旋提升”的，所以既有相似性又有区别。

R1模型的训练中，多个环节都用到了V3模型，所以DeepSeek在面向效率提升的系统级创新中，R1和V3都是受益者，它们自身的生成效果和回复速度都居于世界领先水平。

但相比V3模型，R1模型的推理过程，本质上就是提示词工程中思维链过程（CoT）从人使用提示词结构转移到了大模型自身的逻辑推理过程。那为什么这个转移就能让用户体验全面提升呢？

原因有两个：首先，思维链过程对使用者的要求颇为苛刻，人们往往难以准确记忆和有效运用，从而影响回复的质量；其次，鉴于个体知识的局限性，构建跨专业领域的思维链对于普通用户而言，无疑是一项艰巨的挑战。

那究竟什么是CoT？

❶ CoT详解

CoT（Chain-of-Thought）链式思维方法由Google Research的Jason Wei及其合作团队在2022年首次提出。这一方法的核心是通过在提示词中展示中间推理步骤，引导大型语言模型进行分步思考。注意，是在“提示词”中展示推理步骤，换句话说，就是由用户进行CoT构建。

下面以“策划一场朋友聚会”为例展示CoT（Chain-of-Thought）链式思维过程。

任务：策划一场30人的朋友聚会，确保活动温馨、有趣且预算合理。

思维链过程：A.明确核心目标→B.问题拆解与预算分配→C.进一步细化餐饮模块→D.逐步实施与调整→E.总结与反馈

A.明确核心目标：营造一个温馨的交流场域，让朋友们在聚会上玩得开心。

B.问题拆解与预算分配：

场地租赁：主会场的租金预算占30%。需要考虑场地的容量、设施以及交通便利性。

餐饮支出：餐饮支出划拨50%。需要设计菜单，考虑不同朋友的口味偏好，包括素食者、过敏原信息等。

氛围营造：剩余20%的预算用于灯光、道具等氛围营造。可以选择温馨的灯光、有趣的装饰来增加聚会的趣味性。

C.进一步细化餐饮模块：

设计菜单：计划提供15道主菜，其中要考虑到3位素食者的特殊需求。

酒水搭配：平衡果汁与酒精饮品的比例，确保每位朋友都能找到自己喜欢的饮品。

标注过敏原信息：提前标注菜单中的过敏源信息，确保朋友们的安全。

D.逐步实施与调整：

预订场地：根据预算和场地要求，预订合适的主会场。

联系餐饮服务商：与餐饮服务商沟通菜单细节，确保菜品质量和口味。

购买氛围道具：根据预算购买灯光、气球、彩带等氛围道具，为聚会增添色彩。

现场布置与调整：在聚会当天，根据现场情况调整布置方案，确保活动顺利进行。

E.总结与反馈：

活动总结：聚会结束后，总结活动过程中的亮点和不足。

收集反馈：向朋友们收集反馈意见，了解他们对活动的满意度和改进建议。

CoT思维链讲解：

逐步推理：通过将策划聚会的任务分解为多个逻辑步骤，思维链过程帮助理清思路，确保每一步都建立在正确的基础上。

细化问题：对餐饮模块进行进一步细化，确保菜品和酒水搭配满足朋友们的不同需求。

灵活调整：在现场布置和调整阶段，根据实际情况灵活调整方案，确保活动顺利进行。

❷ CoT成为了两类大模型的能力边界

从原理上看：CoT（Chain-of-Thought）链式思维的出现，将大模型清晰地分为了两类："概率预测（快速反应）"模型和"链式推理（慢速思考）"模型。这两类模型在原理上存在显著差异，从而决定了它们各自擅长的任务类型。

通用大模型——"概率预测（快速反应）"模型

原理：这类模型基于海量的文本数据进行训练，通过捕捉语言中的统计规律和模式，能够快速生成多样化的文本内容。它们擅长对输入的问题或提示做出即时反应，输出基于已有知识和模式的概率性预测结果。

特点：反应迅速，适合处理需要快速反馈的任务，如文本生成、翻译、摘要等。在面对简单、基础的问答任务时，能够迅速给出答案，提高工作效率。

推理大模型——"链式推理（慢速思考）"模型

原理：这类模型在"概率预测"模型的基础上，通过强化学习等额外技术，增强了逻辑推理和问题解决的能力。它们能够像人类一样，通过多步骤的推理过程来解决问题，逐步推导出答案。

特点：擅长处理需要复杂逻辑推理和深度思考的问题，如数学证明、代码调试、逻辑谜题等。虽然推理过程可能相对较慢，但能够显著提高答案的逻辑性和完整性。

❸ 通用大模型的提示词工程策略

通用大模型能够处理多种基础语言任务的模型，涵盖文本生成、翻译、问答等日常场景，但不专门针对复杂推理进行优化。为了提供模型的全能性，这类模型通常采用混合专家（MoE）架构，通过“专家分工”机制灵活调用不同子模型完成任务，类似于“全科医生”能应对常见病症，但无法解决疑难杂症：

看病开药：能处理感冒、肠胃炎等常见病（类似生成文本、翻译）；

健康咨询：回答饮食、运动等基础问题（类似知识问答）；

简单缝合：处理小伤口（类似代码补全）；

转诊建议：发现复杂疾病时，建议找专科医生（如将数学题转交给推理模型）。

它通过“医学院教材+临床经验”学习通用医疗知识，但遇到疑难杂症时，仍需专科医生（推理模型）深度介入。

在通用大模型提示词构建技巧上，虽然各类提示词框架比较多，但本质上大同小异。从实战“操作性强”这个角度出发，本书推荐读者使用“COSTAR”这个2024年新加坡提示词比赛冠军框架。

“COSTAR”提示词框架是一种结构化的提示设计方法，旨在帮助用户更有效地引导大型语言模型（LLM）生成符合需求的响应。该框架由新加坡的Sheila Teo开发，并在新加坡首届GPT-4 Prompt Engineering大赛中荣获冠军。

表 4-1

字母	中文含义	英文含义	核心作用	扩展说明	示例
C	上下文	Context	设定基本环境和前提条件	- 时空背景：时间、地点、物理/虚拟环境 - 领域背景：行业领域、专业术语范围 - 相关方背景：涉及的人物/角色及其关系 - 历史背景：相关事件的发展脉络 - 技术背景：使用的工具/平台/技术栈 - 约束条件：法律/伦理/资源限制	作为医疗AI助手（角色），在遵守HIPAA隐私条款（约束）的前提下，基于2023年最新临床指南（领域背景）……
O	目标	Objective	明确核心诉求和成功标准	- 成果类型：需要生成报告/方案/代码/分析等 - 质量维度：准确性/创新性/简洁性等要求 - 量化指标：字数限制/数据量级/完成时限 - 优先级：核心需求与次要需求的权重分配 - 验证方式：如何判定目标是否达成	生成不超过500字的市场分析（成果类型），重点突出竞争对手SWOT分析（优先级），需包含2023年Q3最新数据（量化指标）……
S	风格	Style	描述如何根据用户或情境的特点，确定交流的整体风格	- 用户画像：分析用户的偏好、习惯等，确定适合的交流风格 - 情境分析：根据交流情境（如正式场合、休闲环境）调整风格 - 风格选择：采用正式、幽默、简洁等不同风格以适应不同需求	针对非技术背景的小企业主（用户画像），采用更通俗易懂的交流风格（风格选择），以确保信息的有效传递……

续表

字母	中文含义	英文含义	核心作用	扩展说明	示例
T	语气	Tone	明确在交流过程中应采用的语气，以传达特定的情感或态度	- 情感分析：根据交流内容确定应采用的语气（如积极、中立、严肃） - 语气调整：根据情境变化适时调整语气以增强信息的感染力或说服力 - 语气一致性：保持语气在整个交流过程中的一致性，避免混淆	在紧急情况下（情境变化），采用更严肃的语气（语气调整）来强调问题的严重性，并传达出紧迫感……
A	受众	Audience	明确目标用户特征及需求适配方式	- 用户画像：年龄/职业/技术背景等基础特征 - 需求层级：核心需求（必达）→进阶需求（优化）→潜在需求（探索） - 认知水平：专业知识储备量/学习能力/操作熟练度 - 使用场景：工作流中的具体环节/环境特征/设备条件 - 文化适配：语言习惯/符号体系/文化禁忌/区域规范	面向生物医学研究员群体（用户画像），需支持基因序列可视化核心功能（需求层级），预设使用者掌握基础Python和统计学知识（认知水平），主要在实验室本地服务器环境运行（使用场景），界面术语符合《分子生物学名词》标准（文化适配）

续表

字母	中文含义	英文含义	核心作用	扩展说明	示例
R	回复	Response	指定回应的格式，确保 AI 按照需要的确切格式进行输出	- 格式规范：强制要求清单体/流程图/对比表格等形式 - 内容分层：定义“必要信息-扩展信息-参考信息”结构 - 可信验证：要求标注数据来源与置信度说明 - 容错机制：预设异常情况处理建议 - 交互设计：规划多轮对话的响应衔接逻辑	响应架构强制采用对比表格清单体（格式要求），必要信息层需包含数据溯源标识（如[NCBI_2023]），扩展信息层嵌入流程图编号（参见FIG.1A），参考信息层链式标注行业标准；可信验证要求生物统计指标必须附带双盲实验对照结果（容错机制：当p值>0.05时自动触发样本量重计算），交互设计预设三级对话树（结果确认→细节追问→方法验证）

还是以做一个“30人朋友聚会策划方案：温馨、有趣、预算合理”为例，对比直接提问和使用“COSTAR”提示词框架进行提问得到的回复。

在DeepSeek中直接向V3模型提问（不勾选深度思考R1）：*“30人朋友聚会策划方案：温馨、有趣、预算合理。”*

得到 deepseek 回复：

30 人朋友聚会策划方案：温馨、有趣、预算合理

一、 主题设定 （可选）

* 根据朋友们的共同兴趣设定主题，例如：
  * 怀旧之夜：播放老歌，玩童年游戏，分享老照片。
  * 电影之夜：选择一部经典电影，准备相关主题的食物和饮料。
  * 游戏之夜：准备桌游、卡牌游戏或电子游戏，分组进行比赛。
  * 户外野餐：选择公园或郊外，准备野餐食物和饮料，进行户外活动。

二、 场地选择

* **预算有限：** 家中客厅、小区公共区域、免费公园等。
* **预算适中：** 餐厅包间、KTV 包厢、桌游吧等。
* **预算充足：** 民宿、别墅、轰趴馆等。

三、 时间安排

* **活动时长：** 建议 4–6 小时，避免过长或过短。
* **时间段选择：** 周末下午或晚上，方便大家参与。

四、 活动流程

* **暖场环节 （30 分钟）：**
  * 播放轻松的音乐，准备一些简单的零食和饮料，让大家自由交流。
  * 可以准备一些破冰小游戏，例如“你画我猜”“谁是卧底”等，活跃气氛。
* **主题活动 （2–3 小时）：**
  * 根据主题进行相应的活动，例如：
    * 怀旧之夜：分享老照片，讲述照片背后的故事。
    * 电影之夜：观看电影，并进行简单的讨论。
    * 游戏之夜：分组进行游戏比赛，设置一些小奖品。
    * 户外野餐：进行户外游戏，例如飞盘、羽毛球等。
* **自由活动 （1–2 小时）：**
  * 留出一些时间让大家自由交流、拍照留念。
* **结束环节 （30 分钟）：**
  * 可以准备一些小礼物，例如定制徽章、照片等，作为纪念。
  * 感谢大家的参与，并合影留念。

五、 餐饮安排
* **预算有限：** 自制美食、外卖点餐、零食饮料等。
* **预算适中：** 餐厅自助餐、烧烤、火锅等。
* **预算充足：** 聘请厨师上门烹饪、定制主题蛋糕等。
六、 预算控制
* **场地费用：** 根据选择的场地类型，费用差异较大。
* **餐饮费用：** 根据餐饮标准和人数进行预算。
* **活动费用：** 游戏道具、奖品、装饰品等。
* **交通费用：** 如果需要租车或包车，需要提前预算。
七、 其他注意事项
* **提前邀请：** 至少提前一周邀请朋友，方便大家安排时间。
* **确认人数：** 活动前确认最终参与人数，方便安排场地和餐饮。
* **分工合作：** 可以邀请几位朋友帮忙，分担一些准备工作。
* **拍照留念：** 记录下美好的瞬间，可以制作电子相册或打印照片。
八、 创意点子
* **DIY 装饰：** 利用气球、彩带、照片等装饰场地，营造温馨氛围。
* **互动游戏：** 准备一些互动性强的游戏，例如“你画我猜”“谁是卧底”等。
* **才艺表演：** 鼓励朋友们展示才艺，例如唱歌、跳舞、讲笑话等。
* **回忆分享：** 准备一些老照片或视频，大家一起回忆过去的美好时光。
九、 温馨提示
* 最重要的是大家聚在一起开心，不必过分追求完美。
* 根据实际情况灵活调整方案，确保活动顺利进行。
* 注意安全，特别是户外活动时，要做好防护措施。
希望以上方案能够帮助你策划一场温馨、有趣且预算合理的朋友聚会！

30人聚会策划方案：温馨有趣预算合理

策划一场30人的朋友聚会，确保活动温馨、有趣且预算合理。

30 人朋友聚会策划方案：温馨、有趣、预算合理

一、主题设定（可选）

- 根据朋友们的共同兴趣设定主题，例如：
  - 怀旧之夜：播放老歌，玩童年游戏，分享老照片。
  - 电影之夜：选择一部经典电影，准备相关主题的食物和饮料。
  - 游戏之夜：准备桌游、卡牌游戏或电子游戏，分组进行比赛。
  - 户外野餐：选择公园或郊外，准备野餐食物和饮料，进行户外活动。

二、场地选择

- **预算有限**：家中客厅、小区公共区域、免费公园等。
- **预算适中**：餐厅包间、KTV包厢、桌游吧等。

给 DeepSeek 发送消息

深度思考 (R1)　联网搜索

图 4-8

以上就是通用大模型在简单提示词下的回复，读者可以明显感觉到内容很空泛，没有细节。

使用“COSTAR”提示词框架进行优化并向DeepSeek提问：

按照“Context（上下文）聚会背景：本次聚会旨在庆祝我们之间的深厚友谊，为30位朋友提供一个温馨、有趣的交流平台。特殊需求：考虑到活动需温馨、有趣且预算合理，特别注意到有3位朋友吃素，因此在食物准备上需特别安排素食选项。Objective（目标）主要目标：通过精心策划的活动，如互动游戏、音乐表演等，让每位参与者都能感受到温暖和乐趣，加深彼此间的了解和友谊。次要目标：在预算范围内，确保场地、食物、活动安排等都符合参与者的需求，特别是饮食偏好，同时保持活动的趣味性和温馨

氛围。Style（风格）活动风格：营造轻松、愉快的聚会氛围，让参与者感受到家一般的温暖。装饰风格：采用温馨的灯光、舒适的座椅和柔和的色彩搭配，同时设置一些具有趣味性的装饰元素，如气球、彩带等。Tone（语气）沟通语气：在邀请和活动中保持亲切、友好的语气，让参与者感受到被重视和欢迎。活动语气：鼓励大家积极参与活动，用轻松幽默的方式引导氛围，让聚会更加有趣和难忘。Audience（受众）参与者特点：30位左右的朋友，年龄、兴趣可能各异，但共同点是珍视彼此的友谊。需求关注：特别关注参与者的饮食偏好，如3位朋友吃素，需准备专门的素食菜品；同时考虑不同参与者的兴趣爱好，安排多样化的活动环节。Response（回复）具体方案：提供一份详细的聚会策划方案，包括场地选择（如选择具有家庭氛围的餐厅或聚会厅）、活动安排（如互动游戏、音乐表演、分享环节等）、预算分配（确保在预算范围内合理安排各项开支）和食物准备（特别准备素食选项，同时提供丰富多样的食物选择以满足不同口味）。格式要求：以文档形式呈现策划方案，包含清晰的列表和说明，如活动流程表、食物清单等，便于理解和执行。"做一个30人朋友聚会策划方案。

得到 deepseek 回复：

"友谊地久天长"30人温馨聚会策划方案

一、聚会概述

* **主题**：友谊地久天长

* **时间**：2023年10月28日（周六）18：00–22：00

* **地点**："温馨小屋"主题餐厅（地址：[餐厅地址]）

* **人数**：30人

* **预算**：人均200元，总计6000元

二、活动目标

* **主要目标**：通过精心策划的活动，让每位参与者都能感受到温暖和乐趣，加深彼此间的了解和友谊。

* **次要目标**：在预算范围内，确保场地、食物、活动安排等都符合参与者的需求，特别是饮食偏好，同时保持活动的趣味性和温馨氛围。

三、活动流程

时间段	活动内容	负责人	备注
18：00-18：30	签到入场，自由交流		提供欢迎饮料和小食
18：30-19：00	破冰游戏：你画我猜		分组进行，活跃气氛
19：00-19：30	晚餐时间		提供自助餐，包含素食选项
19：30-20：00	音乐表演：朋友合唱		邀请有音乐特长的朋友表演
20：00-20：30	互动游戏：真心话大冒险		准备有趣的题目和道具
20：30-21：00	分享环节：友谊故事		邀请几位朋友分享友谊故事
21：00-21：30	自由交流，拍照留念		提供拍照道具和背景
21：30-22：00	结束语，赠送纪念品		准备小礼物作为纪念

四、食物准备

* **自助餐形式**，包含以下菜品：
  * **主食**：意大利面、炒饭、比萨
  * **肉类**：烤鸡翅、牛排、鱼排
  * **素食**：蔬菜沙拉、豆腐、菌菇类菜肴
  * **甜点**：蛋糕、水果、冰淇淋
  * **饮料**：果汁、汽水、啤酒、红酒
* **特别关注**：为3位素食朋友准备专门的素食菜品，并标注清楚。

五、场地布置

* **装饰风格**：温馨、舒适
  * **灯光**：使用暖色调灯光，营造温馨氛围
  * **座椅**：选择舒适的座椅，方便交流
  * **色彩搭配**：使用柔和的色彩，如米色、浅粉色、浅蓝色等
  * **趣味装饰**：设置气球、彩带等装饰元素，增添趣味性

六、预算分配

项目	预算金额	备注
场地租赁	1500元	
食物饮料	3000元	

活动道具	500元	
纪念品	500元	
其他	500元	
总计	**6000元**	
七、 其他事项
* **邀请函**：提前两周发送电子邀请函，注明活动时间、地点、主题等信息。
* **交通安排**：提醒参与者选择合适的交通工具，并提供停车场信息。
* **安全保障**：确保场地安全，准备急救包等应急物品。
八、 预期效果
通过本次聚会，我们希望所有参与者都能度过一个愉快、难忘的夜晚，增进彼此间的了解和友谊，留下美好的回忆。
九、 附件
* 活动流程表
* 食物清单
* 场地布置图
十、 联系方式
* 活动负责人：[姓名]
* 联系电话：[电话号码]
* 电子邮箱：[邮箱地址]
备注：以上方案仅供参考，具体细节可根据实际情况进行调整。

活动安排（如互动游戏、音乐表演、分享环节等）、预算分配（确保在预算范围内合理安排各项开支）和食物准备（特别准备素食选项，同时提供丰富多样的食物选择以满足不同口味）。
格式要求：以文档形式呈现策划方案，包含清晰的列表和说明，如活动流程表、食物清单等，便于理解和执行。"做一个30 人朋友聚会策划方案

"友谊地久天长"30人温馨聚会策划方案

一、聚会概述

- **主题**: 友谊地久天长
- **时间**: 2023年10月28日（周六）18:00-22:00
- **地点**: "温馨小屋"主题餐厅 (地址: [餐厅地址])
- **人数**: 30人
- **预算**: 人均200元，总计6000元

二、活动目标

- **主要目标**: 通过精心策划的活动，让每位参与者都能感受到温暖和乐趣，加深彼此间的了解和友谊。

给 DeepSeek 发送消息

深度思考 (R1) 联网搜索

内容由 AI 生成，请仔细甄别

图 4-9

对比两次回复可以发现，使用了“COSTAR”提示词框架后，不仅用户在提问时加入了更多细节，DeepSeek也对这些细节做出具体的回复，针对性和可操作性更强。

❹ 推理大模型的提示词工程策略

按照前面的讲解，R1模型是推理模型，在回复前就会先应用CoT链式思维进行逻辑推理，拆解任务。所以R1模型的提示词技巧与V3模型的提示词技巧相比有如下特点：

提示语：推理模型的提示语更为简洁，只需要明确任务目标和需求即可。

推理过程：无须逐步指导，模型能够自动生成结构化的推理过程。

限制：若在提示词中加入太多限制条件，强行拆解推理步骤，可能会限制模型的能力，影响推理效果。

还是用上面的*“策划一场30人的朋友聚会，确保活动温馨、有趣且预算合理”*向 DeepSeek 提问，注意要勾选“深度思考（R1）”。

得到 deepseek 回复：

嗯，用户要策划一场30人的朋友聚会，要求温馨、有趣且预算合理。首先，我需要明确用户的需求。他们可能希望这个聚会不仅仅是大家吃吃喝喝，而是有互动和回忆的环节，让每个人都能参与进来，感受到温暖和快乐。同时，预算合理意味着不能太铺张，可能需要控制场地、食物、装饰和活动的费用。

首先，我得考虑场地选择。用户可能没有自己的场地，所以需要推荐一些经济实惠的选项，比如家里、社区活动室或者公园。如果选在户外，天气是个问题，所以需要准备备用方案，比如帐篷或室内转移的计划。如果是在家里，可能需要合理规划空间，确保30人不会太拥挤。

接下来是主题和装饰。主题能让聚会更有氛围，比如怀旧校园风或者森系野餐，这样装饰起来成本也不会太高。使用气球、照片墙、LED灯串这些元素，既便宜又能营造温馨的感觉。可能需要提醒用户提前准备这些装饰品，或者利用现有的资源，比如家里的照片、绿植等。

关于活动流程，签到环节可以设计得特别一点，比如签到板或者拍立得照片，这样大家一开始就有参与感。破冰游戏很重要，尤其是如果有不太熟悉的人在场。你画我猜和故事接龙都是不错的选择，能活跃气氛。集体游戏比如宝藏猎人需要提前准备线索，可能要根据场地来设计，如果是家里或社区中心，可以藏一些小物品。互动环节比如心愿交换和时光胶囊，能增加聚会的意义，让大家留下美好的回忆。最后的大合影和自由交流时间，确保大家有足够的时间聊天，不会觉得活动太紧凑。

餐饮方面，自助餐或家庭式聚餐比较适合，成本可控。建议半自助形式，既有主菜又有甜点饮料，避免浪费。预算部分需要分项列出，比如场地、装饰、食物、游戏道具、小礼品等，总预算控制在2000-3000元之间，可能需要根据地区物价调整。用户可能希望每一分钱都花在刀刃上，所以推荐性价比高的方案，比如自制食物、批量购买饮料，或者利用二手平台购买装饰品。

注意事项部分，提前通知大家时间和地点，确认参与人数，准备备用方案应对天气变化，还有安排专人拍照，这些都是用户可能忽略的细节。特别是如果有年长或小孩参加，需要确保活动安排合适，比如游戏不要太激烈，食物要多样化。

用户可能的深层需求是希望通过聚会加深朋友间的联系，创造难忘的回忆，而不仅仅是简单的聚餐。所以活动设计要强调互动和参与感，避免大家只是各自玩手机。预算方面，用户可能希望在不显得吝啬的情况下节省开支，所以需要给出实用的省钱技巧，比如DIY装饰、利用现有资源、分批采购等。

最后，检查整个计划是否覆盖了所有方面：场地、主题、活动流程、餐饮、预算、注意事项。确保每个环节都有备用方案，并且时间安排合理，不会让聚会拖得太久或太仓促。可能需要调整游戏时间，避免某些环节过长导致冷场，或者太短让大家不尽兴。总之，核心是让每个人都感到被重视，玩得开心，同时控制成本。

以下是一份适合30人朋友聚会的策划方案，兼顾温馨氛围、趣味互动和合理预算，供参考：

**一、活动基本信息**

*- **人数**：30人*

*- **时长****：4-5小时（建议下午3点至晚上8点）*

*- **预算范围**：2000-3000元（人均约70-100元）*

*- **主题**：怀旧校园风 / 森系野餐 / 星空露营（根据场地选择）*

**二、场地布置与预算控制**

*#### **1. 场地选择**（预算：0-500元）*

*- **免费选项**：朋友家中（客厅+院子）、社区活动中心、公园草坪（需提前确认是否可布置）。*

*- **付费选项**：租用民宿/咖啡馆包场（优先选择自带装饰的场地）。*

*#### **2. 装饰方案**（预算：300-500元）*

*- **主色调**：暖黄色灯光+原木色/森系绿植。*

*- **低成本装饰**：*

- 气球串（淘宝/拼多多批发，50元）
- 照片墙（打印朋友们的合照或童年照，30元）
- LED灯串/小夜灯（营造氛围，50元）
- 二手市场淘复古桌布、抱枕（50元）
- 绿植/鲜花（公园采野花或仿真花，100元）

三、活动流程设计（确保互动与趣味性）

1. 签到环节（15分钟）

- **签到板**：准备一块黑板或大海报纸，每人用彩色笔签名+留言。
- **拍立得合影**：入场时拍摄单人照，活动结束前赠送留念（预算：200元，相纸+相机租赁）。

2. 破冰游戏（30分钟）

- **① 你画我猜（分组PK）**
  - 规则：每组5人，轮流画与"共同回忆"相关的词（如大学食堂、第一次旅行地）。
  - 道具：白板/大纸张+马克笔（预算：20元）。
- **② 故事接龙**
  - 规则：围坐一圈，每人用一句话接龙编一个搞笑故事，失败者表演才艺。

3. 集体游戏（1小时）

- **① 宝藏猎人**
  - 规则：提前藏10个"童年回忆小物"（如玻璃弹珠、干脆面卡片），找到最多者获奖。
  - 奖品：怀旧零食大礼包（预算：50元）。
- **② 盲盒礼物交换**
  - 规则：每人带一份≤30元的小礼物（提前通知），抽签互换+猜送礼人。

4. 互动环节（1小时）

- **① 心愿漂流瓶**
  - 规则：写下对朋友的祝福或未来愿望，随机抽取并朗读（道具：玻璃瓶+便笺纸，20元）。
- **② 时光胶囊**
  - 集体录制短视频，每人说一句对10年后的自己想说的话，留存纪念。

5. 自由交流+合影（1小时）
- **灯光合影**：用手机打光+星星灯串拍集体照。
- **播放背景音乐**：创建聚会专属歌单（如朋友推荐的歌曲）。

四、餐饮安排（预算：1000-1500元）
- **形式**：半自助餐（兼顾轻松与成本）
- **菜单建议**：
 - **主食**：比萨（3-4个大号，300元）+寿司拼盘（200元）+自制三明治（150元）。
 - **小吃**：薯条/鸡翅（空气炸锅自制，100元）+水果拼盘（200元）。
 - **饮料**：桶装柠檬茶（50元）+啤酒/气泡水（200元）。
 - **甜点**：cupcake（30个，150元）或定制小蛋糕（1个，100元）。

五、省钱技巧
1. **分摊任务**：朋友分工带食物、布置道具。
2. **二手利用**：装饰品可在闲鱼购买或借用。
3. **批量采购**：饮料、零食通过批发市场或社区团购。
4. **DIY代替外包**：手工制作邀请卡、游戏道具。

六、注意事项
1. 提前3天群发电子邀请函（可用免费模板网站制作）。
2. 准备备用方案（如雨天转室内、游戏冷场时的备选活动）。
3. 安排2-3人负责控场、拍照和物资管理。
4. 结束时群发合照+短视频，增强仪式感。

按此方案执行，既能避免冷场，又能让参与者感受到用心。关键是通过互动游戏和怀旧元素拉近距离，同时合理控制人均成本。

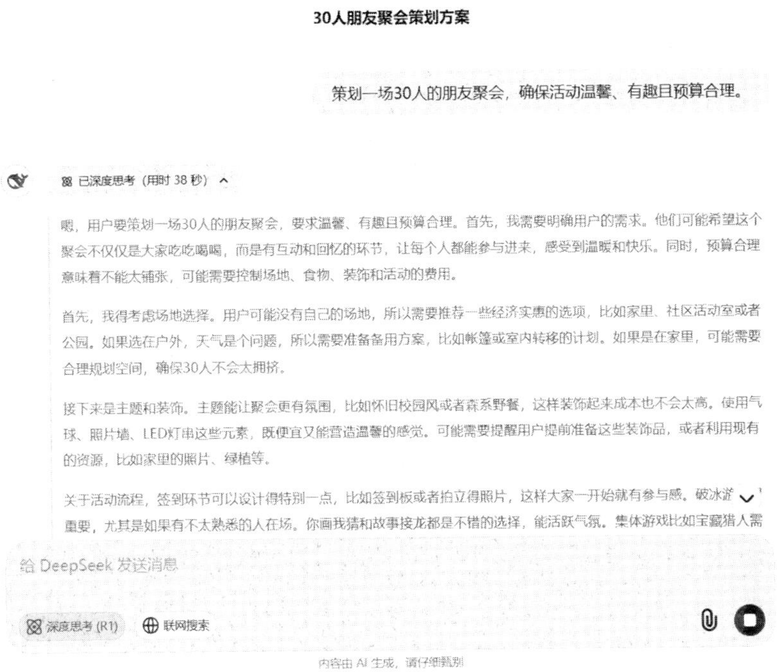

30人朋友聚会策划方案

策划一场30人的朋友聚会，确保活动温馨、有趣且预算合理。

已深度思考（用时 38 秒）

嗯，用户要策划一场30人的朋友聚会，要求温馨、有趣且预算合理。首先，我需要明确用户的需求。他们可能希望这个聚会不仅仅是大家吃吃喝喝，而是有互动和回忆的环节，让每个人都能参与进来，感受到温暖和快乐。同时，预算合理意味着不能太铺张，可能需要控制场地、食物、装饰和活动的费用。

首先，我得考虑场地选择。用户可能没有自己的场地，所以需要推荐一些经济实惠的选项，比如家里、社区活动室或者公园。如果选在户外，天气是个问题，所以需要准备备用方案，比如帐篷或室内转移的计划。如果是在家里，可能需要合理规划空间，确保30人不会太拥挤。

接下来是主题和装饰。主题能让聚会更有氛围，比如怀旧校园风或者森系野餐，这样装饰起来成本也不会太高。使用气球、照片墙、LED灯串这些元素，既便宜又能营造温馨的感觉。可能需要提醒用户提前准备这些装饰品，或者利用现有的资源，比如家里的照片、绿植等。

关于活动流程，签到环节可以设计得特别一点，比如签到板或者拍立得照片，这样大家一开始就有参与感。破冰游
重要，尤其是如果有不太熟悉的人在场。你画我猜和故事接龙都是不错的选择，能活跃气氛。集体游戏比如宝藏猎人需

给 DeepSeek 发送消息

深度思考 (R1)　联网搜索

内容由 AI 生成，请仔细甄别

图 4-10

明确了两种不同大模型的使用场景和使用方法后，用户就可以基于通用大模型的显性思维链（提示词中使用“COSTAR”提示词框架）和推理大模型的隐形思维链（推理过程）获得一个比较满意的回复了。那么如何在此基础上继续提升回复质量呢？

3 三条指令，瞬间提升AI回复质量

考虑到R1推理模型在用户提示词技巧中的巨大优势，以下实战以R1为AI工具进行优化演示。

❶ 指令一：哪里不对改哪里

读者可以看到，第四篇第二章第四节中的回复中已经明显少了空泛感，多了细节感。但新的问题出来了，R1为了增加回复的细节，自己编造了很多用户没有提供的信息出来，也就是我们前面提到的“幻觉”问题（详见“第三篇第三章第二节——训练革命：多模型多阶段联合训练的进阶之路”）。

这类事实性“幻觉”如何消除以提升回复质量呢？

这就是我们推荐的第一条优化指令“哪里不对改哪里”，即我们可以把R1的回复内容作为基础提示信息，明确、对应地去写要删除、增加或者修改的要求即可。

注意两个问题：首先，不是重新开新对话提问，而是在上一个问题后面继续追问。否则AI可能会生成一个全新的方案。其次，不要直接把上一个回复内容，复制粘贴出来到Word，自己手动修改。手动修改只会修改方案里的“点”上的信息，但是AI重新生成，会根据用户提出的“点”上的信息，去对应调整更多逻辑层面的结构和内容。

所以，我们根据实际情况去继续追问：

“我们的聚会时间是完整的一天，即上午9点到晚上8点。预算增加到6000元。主题是怀旧校园风，这30人是大学同学。其中有三位朋友只吃素。给出修改后的新策划方案。”

得到 deepseek 回复：

好的，用户已经给出了之前策划的30人朋友聚会方案，现在需要根据新的要求进行调整。新的要求是活动时间延长到一整天（上午9点到晚上8点），预算增加到6000元，主题是怀旧校园风，参与者是大学同学，并且有三位素食朋友。我需要仔细分析这些变化，并针对性地修改原方案。

首先，时间延长到一整天，意味着活动流程需要更丰富，分时段安排不同的活动，避免大家疲劳。原方案的活动集中在下午到晚上，现在需要从早上开始规划。可能需要增加早餐或上午的活动，比如校园回忆打卡或者课程体验。

预算增加到6000元，人均约200元，比之前的70-100元有所提升。这样可以在餐饮、场地布置、活动道具等方面提升质量。比如，餐饮可以更丰富，增加正餐和下午茶，或者租用更符合主题的场地。

主题是怀旧校园风，针对大学同学，所以活动设计要围绕大学回忆展开。比如，签到可以设计成入学报到，游戏可以结合大学课程或校园生活，装饰方面加入更多的校园元素，如黑板报、课桌椅、校服等。

三位素食朋友需要特别照顾，餐饮部分要确保有足够的素食选项，并且分开准备，避免交叉污染。可能需要与餐饮提供方沟通，或者专门准备素食套餐。

接下来，我需要分模块调整原方案：

1. **场地布置**：增加校园元素，比如课桌椅、黑板报、校史墙，可能需要租用或购买相关道具，预算可以适当增加。

2. **活动流程**：延长到全天，分为上午、下午、晚上三个时段。上午可以安排签到、校园打卡、主题课程；下午进行运动会和自由活动；晚上是晚会和晚餐。每个时段的活动要紧凑且有怀旧元素。

3. **餐饮安排**：增加早餐、午餐、下午茶和晚餐。特别注意素食选项，可能需要单独准备套餐，并标注清楚，避免混淆。

4. **游戏和互动**：设计更多与大学相关的游戏，比如知识竞赛、社团招新、校园寻宝等，增强代入感。

5. **预算分配**：总预算6000元，需要合理分配到各个部分。场地布置可能增加到1000元，餐饮3000元，活动道具和奖品1000元，其他如摄影、备用金等。

6. **其他细节**：考虑交通问题，是否需要安排接送；准备校服或班服增加氛围；制作纪念品如毕业证书、时光胶囊等，增强仪式感。

需要检查是否有遗漏的部分，比如三个素食者的餐饮是否足够，全天活动的时间安排是否合理，是否有足够的休息时间，以及如何保持大家的参与度。同时，预算调整后是否每个部分都得到合理分配，避免超支。可能还需要考虑天气情况，如果是户外活动，是否有备用方案。最后，确保整个活动流程流畅，有专人负责各个环节，避免混乱。

*以下是针对**全天怀旧校园主题同学聚会**的升级版策划方案，结合时间延*

长、预算提升与素食需求，突出大学回忆与深度互动：

一、活动基本信息

- **人数**：30人（含3位素食者）
- **时间**：9：00-20：00（共11小时）
- **总预算**：6000元（人均200元）
- **主题**：重返校园·青春不散场
- **着装建议**：统一文化衫（定制班级LOGO）或自由穿校服风服饰

二、场地升级方案（总预算：1500元）

1. 场地选择

- **理想场地**：大学校园内草坪/教室（需提前申请） 或 **怀旧风民宿**（带黑板、课桌椅、操场元素的院子）。
- **备用方案**：租用带院子的咖啡馆（可改造为教室场景）。

2. 核心场景布置

- **校门打卡区**（300元）：
  - 用KT板制作“XX级XX班返校日”立体字校门
  - 红毯+气球拱门（二手租赁）
- **教室还原区**（500元）：
  - 课桌椅摆成课堂布局（租用或借用学校资源）
  - 黑板写课程表+值日生名单
  - 讲台放置老式录音机、粉笔盒
- **校园记忆墙**（200元）：
  - 悬挂大学时期合照、班级奖状、食堂菜单复刻
- **操场怀旧角**（300元）：
  - 摆跳格子、丢沙包、羽毛球场（道具淘宝采购）
  - 树荫下铺野餐垫放“校园广播站”音箱

三、全天流程设计（分段控场，避免疲劳）

上午：开学典礼·重温课堂（9：00-12：00）

- **9：00-9：30 | 签到入学**
  - 领取“学生证”（定制卡片含学号、座位表）

- 在“校服签名墙”（白T恤悬挂）上留言
- **9：30-10：30 | 主题班会**
 - **班主任致辞**：邀请当年的辅导员录制视频
 - **点名答题**：用花名册随机点名，答错“当年糗事”考题需表演节目
- **10：30-12：00 | 选修课体验**（分组轮换）
 - **① 手工课**：用黏土制作“校园标志建筑”
 - **② 体育课**：跳大绳、踢毽子PK赛
 - **③ 音乐课**：合唱“同桌的你”+录制MV
下午：校园嘉年华（12：00-17：00）
- **12：00-13：30 | 食堂午餐**（预算1500元）
 - **怀旧套餐**：
  - 荤食：红烧肉+青椒土豆丝+米饭（仿食堂餐盘）
  - **素食专供**：麻婆豆腐+地三鲜+素汤（独立餐盒标注）
  - 加餐：AD钙奶+辣条（人手一份）
- **13：30-15：00 | 社团招新会**
 - 设“辩论社”“舞蹈社”“电竞社”等摊位，通过小游戏赚取“社团积分”
 - 积分可兑换：
  - 免惩罚卡
  - 定制钥匙扣（刻班级口号）
- **15：00-17：00 | 校运会2.0**
 - **项目**：
  - 三人四足（用旧床单绑腿）
  - 水杯传水（输队罚喝“崂山白花蛇草水”）
  - 拔河比赛（奖品：宿舍同款搪瓷杯）
傍晚：毕业晚会（17：00-20：00）
- **17：00-18：30 | 露天晚餐**（预算2000元）
 - **主餐**：烧烤派对（素食区单独烤盘+素肉串、玉米、香菇）
 - **甜品**：定做“毕业蛋糕”（造型为课本+学士帽）
- **18：30-19：30 | 时光邮局**
 - 给10年后的自己写信（提供信纸+信封，由班长保管）
 - 集体埋“班级时间胶囊”（内含合影U盘、签到T恤）

- **19：30-20：00 | 篝火仪式**
 - 围绕篝火（电子火焰灯）合唱校歌，无人机拍摄大合影

四、素食友好专项安排
1. **餐饮独立动线**：所有餐食明确标注荤素，烧烤区设专用烤架。
2. **备用方案**：额外准备素食自热火锅（3份），防止户外烧烤不便。
3. **甜品无差别**：蛋糕选用植物奶油+水果夹心。

五、预算分配表
项目	明细	预算
场地租赁	含基础布置	1500元
餐饮	午晚餐+甜点饮品	3500元
道具	校服墙、社团奖品等	600元
摄影	无人机+拍立得相纸	300元
备用金	应急物资/临时采购	100元

六、执行关键点
1. **怀旧细节**：提前收集大学时期照片、视频，剪辑成暖场短片。
2. **分工明确**：
 - 总策划1人：把控流程
 - 餐饮组2人：负责素食分区
 - 摄影组1人：抓拍表情包+纪念照
3. **安全提示**：户外活动备驱蚊水、防晒霜、急救包。

此方案通过**场景沉浸+任务驱动**，利用“入学-上课-社团-校运会-毕业”的时间线唤醒集体记忆，同时用分组积分制激发参与感。餐饮和道具侧重还原校园生活，素食需求通过独立分区+备用方案保障，适合深度怀旧的同学聚会。

我们的聚会时间是完整的一天，即上午9点到晚上8点。预算增加到6000元。主题是怀旧校园风，这30人是大学同学。其中有三位朋友只吃素。给出修改后的新策划方案

已深度思考（用时 37 秒）

好的，用户已经给出了之前策划的30人朋友聚会方案，现在需要根据新的要求进行调整。新的要求是活动时间延长到一整天（上午9点到晚上8点），预算增加到6000元，主题是怀旧校园风，参与者是大学同学，并且有三位素食朋友。我需要仔细分析这些变化，并针对性地修改原方案。

首先，时间延长到一整天，意味着活动流程需要更丰富，分时段安排不同的活动，避免大家疲劳。原方案的活动集中在下午到晚上，现在需要从早上开始规划。可能需要增加早餐或上午的活动，比如校园回忆打卡或者课程体验。

预算增加到6000元，人均约200元，比之前的70-100元有所提升。这样可以在餐饮、场地布置、活动道具等方面提升质量。比如，餐饮可以更丰富，增加正餐和下午茶，或者租用更符合主题的场地。

主题是怀旧校园风，针对大学同学，所以活动设计要围绕大学回忆展开。比如，签到可以设计成入学报道，游戏可合大学课程或校园生活，装饰方面加入更多的校园元素，如黑板报、课桌椅、校服等。

内容由 AI 生成，请仔细甄别

图 4-11

❷ 指令二：反问提问

在细节调优后，以上的方案已经比较完善。如果还想完善提升，还可以怎么做呢？

用户还可以深挖R1的逻辑推理能力，让它来帮助构建思考提升的路径，这就是指令二（反问提问）。所以再次追问：*“还需要提供什么信息来完善优化”*。

得到 deepseek 回复：

好的，我现在需要帮用户优化他们之前的聚会策划方案。用户已经提供了两次对话历史，第一次是初始方案，第二次是根据他们的反馈修改后的方案。现在用户的问题是“还需要提供什么信息来完善优化”，我需要思考他们可能需要哪些额外信息来进一步改进方案。

首先，我需要回顾之前的对话。用户最初要求策划30人的朋友聚会，预算2000-3000元，主题是怀旧校园风，后来调整到全天活动，预算增加到6000

元，并且有三位素食者。修改后的方案已经比较详细，但用户现在想知道还需要哪些信息来优化。

接下来，我需要考虑用户可能的深层需求。他们可能希望活动更加个性化，确保每个环节都能让30位大学同学有更好的体验，尤其是在怀旧校园主题下。同时，预算增加到6000元，用户可能希望更有效地利用资金，避免不必要的开支，或者在某些方面增加亮点。

我需要列出可能需要的信息点，帮助用户进一步完善方案。首先，参与者的详细信息，比如是否有特殊需求，如饮食禁忌、行动不便等，这有助于调整活动和餐饮安排。另外，了解他们的大学回忆，比如是否有共同的校园事件、标志性地点、歌曲等，可以让活动更具个性化。

场地方面，用户提到可能在大学校园内举办，但需要确认是否已经获得许可，或者是否有备用场地的选择。如果校园不可用，是否有其他合适的场地选项，这会影响布置和活动安排。

时间安排是否紧凑，是否需要更多的休息时间或自由活动时间，以避免参与者疲劳。预算分配是否合理，是否有某些环节可以优化成本，或者是否需要增加某些高价值的元素。

另外，用户提到三位素食者，需要确保餐饮部分的分区明确，避免交叉污染，并确认是否有其他饮食需求，比如过敏情况。活动流程中的游戏和互动环节是否适合所有参与者，是否需要调整难度或规则，以确保每个人都能参与进来。

技术方面，是否需要专业摄影或摄像，以及是否需要制作纪念品，如相册或视频，这可能需要额外的预算和资源。同时，交通安排是否考虑周全，是否需要安排接送服务，特别是如果场地较远的话。

最后，用户可能需要一些应急预案，比如天气变化、设备故障等，确保活动顺利进行。另外，是否有志愿者或工作人员分工明确，每个环节都有专人负责，避免现场混乱。

总结来说，用户需要提供关于参与者详细信息、校园场地确认、具体大学回忆内容、餐饮细节、活动流程的适应性、技术需求和应急预案等信息，才能进一步优化方案。需要将这些信息点整理成清晰的问题，方便用户提供反馈，从而完善策划方案。

以下是需要您补充的关键信息列表，便于进一步优化聚会方案细节，提升体验与执行可行性：

一、参与者信息补充

1. **特殊需求**：

 - 除素食外，是否有其他饮食禁忌（如过敏、清真等）？

 - 是否有行动不便或体力较弱需照顾的参与者？

2. **群体特征**：

 - 大家共同记忆最深的事件/地点（如某次运动会、食堂招牌菜、教室编号等）？

 - 是否有集体共鸣的歌曲、影视剧或校园梗（用于游戏设计或背景音乐）？

二、场地与时间细节

3. **校园场地确认**：

 - 是否已与学校沟通并获得使用许可（教室、操场等）？

 - 若无法进入校园，是否有其他替代场地的备选方案（如带操场的民宿）？

4. **时间灵活性**：

 - 是否有必须保留的固定时间节点（如校歌播放、老师视频连线等）？

 - 是否需预留午休或自由活动时间（避免全天流程过满）？

三、餐饮与道具细化

5. **餐饮偏好**：

 - 素食朋友是否接受蛋奶素/纯素？是否需要完全避免与荤食接触？

 - 是否需增加地方特色怀旧小吃（如大学所在城市的特产）？

6. **道具需求**：

 - 是否需要租借专业设备（如投影仪播放校园老照片、卡拉OK机）？

 - 是否有现存可共享的大学旧物（如毕业册、班旗、旧校服）？

四、活动流程优化点

7. **游戏调整**：

 - 是否需要降低体力类游戏比例（如校运会项目）？

 - 是否希望增加“走心环节”（如匿名坦白局、感谢信朗读）？

8. **纪念品定制**：
 - 是否需要统一制作纪念品（如班级徽章、合影相册、纪念视频）？
 - 是否愿意分摊部分费用（如文化衫定制）？

五、技术与执行支持
9. **技术需求**：
 - 是否需要专业摄影师跟拍，或由同学自行拍摄？
 - 是否需提前测试场地网络信号（如需直播或实时互动）？
10. **交通安排**：
 - 是否需要统一租车接送（尤其场地偏远时）？
 - 自驾参与者停车是否方便？

六、应急预案确认
11. **备用方案**：
 - 若遇雨天，室内替代活动是否需额外准备（如桌游、观影）？
 - 若出现冷场，是否有指定“气氛组”同学救场？
12. **医疗与安全**：
 - 是否准备常用药品（如肠胃药、创可贴）？
 - 户外活动是否需购买短期意外险？

提交建议
请根据实际情况选择回复（例）：
> **需补充信息**：
> - 共同记忆：大二篮球赛夺冠、食堂3号窗口的炸酱面、宿舍楼下的流浪猫“大黄”
> - 餐饮需求：3位素食者均为蛋奶素，其中1人对花生过敏
> - 现存道具：有班旗和毕业纪念册，可提供电子版老照片200张
> - 纪念品倾向：希望制作10周年纪念徽章（预算内可承担）

根据您的反馈，可针对性调整以下内容：
1. 在“校园记忆墙”增加篮球赛照片展区+炸酱面复刻版午餐
2. 定制“大黄猫”主题徽章作为社团积分奖品

3. 调整烧烤菜单，避免花生类调料，素食区单独配备酱料
4. 将纪念视频片尾加入“大黄”彩蛋……
通过补充信息，方案将更贴合群体特质，减少执行风险。

还需要提供什么信息来完善优化

已深度思考（用时 30 秒）

好的，我现在需要帮用户优化他们之前的聚会策划方案。用户已经提供了两次对话历史，第一次是初始方案，第二次是根据他们的反馈修改后的方案。现在用户的问题是“还需要提供什么信息来完善优化”，我需要思考他们可能需要哪些额外信息来进一步改进方案。

首先，我需要回顾之前的对话。用户最初要求策划30人的朋友聚会，预算2000-3000元，主题是怀旧校园风，后来调整到全天活动，预算增加到6000元，并且有三位素食者。修改后的方案已经比较详细，但用户现在想知道还需要哪些信息来优化。

接下来，我需要考虑用户可能的深层需求。他们可能希望活动更加个性化，确保每个环节都能让30位大学同学有更好的体验，尤其是在怀旧校园主题下。同时，预算增加到6000元，用户可能希望更有效地利用资金，避免不必要的开支或者在某些方面增加亮点。

给 DeepSeek 发送消息

深度思考 (R1)　联网搜索

内容由 AI 生成，请仔细甄别

图 4-12

AI的完整思维体系，从推理过程到给出的回复，其实在很大程度上补足了用户思考问题的“考虑不周”，所以仔细阅读全部文字能够帮助用户去思考在做这个策划方案过程中没有考虑到的问题，对活动实施的最终效果有非常重要的意义。但是，用户只需要根据实际情况，选择需要补充完善的信息，再次追问生成新方案即可，无须完全逐一回复每个提示点。特别提醒，不要陷入“完美AI”陷阱（详见“第四篇第七章——七大误区，跳出AI使用的常见陷阱”），AI只是辅助工具，主角依然是AI工具的使用者。

❸ 指令三：给出参考案例

整体方案已经很好了，各细节也在和AI的交互中得到了补全和完善。但是，好像还缺了一点创意。其实很多时候的AI调优都是这样，用户最后的提升空间就是“灵气”，和“画龙点睛”异曲同工。那么怎么去做这个突破呢？

用户可以用指令二的方式，反问AI怎么能够使方案更有创意。但是很可能得到一些提升创意的方法和少量的案例，总感觉这些方法或者案例“缺点意思”。

怎么办呢？

用户可以用搜索引擎的AI功能（比如百度AI+、秘塔AI，这类AI工具的优势在于搜索，也就是找案例）去完成创意的收集工作，然后选择合适的内容作为参考案例，实现“搜索型AI找案例”—“人选案例”—“R1参考案例画龙点睛”的结构化思路。

以“百度AI+”为例展示创意收集过程，注意勾选“DeepSeek-R1满血版”。

提问：*“给出一些有创意的同学会案例。”*

百度AI+回复：

好的，用户需要一些有创意的同学会案例。首先，我得看看提供的搜索结果里有哪些有用的信息。搜索结果里有几个例子，比如福建的20周年同学会案例，他们分成了回忆篇和巩固篇，活动包括校园巡游、游戏和篝火晚会，还提到了签到、午餐、飞盘游戏和烧烤等流程[1]（此处角标“1”指资料来源，既“网页1”，后同）。另外，还有化州平定中学的20周年聚会，有茶话会、球赛和食堂晚宴，特别提到了签到墙和师生合影[2]。其他结果里提到了户外探险、文化之旅、主题派对等创意[3]。

需要综合这些信息，给出不同的创意案例。比如校园时光胶囊、沉浸式剧本杀、年代主题派对、户外探险露营、艺术共创展这些可能都是不错的点子。要确保每个案例都结合了多个搜索结果的内容，比如回忆校园、游戏互动、主题分享、团队合作活动等元素。

注意引用角标的时候要正确对应来源，比如校园巡游和时光胶囊可能来自网页1和网页2，剧本杀可以参考网页3里的游戏互动，年代派对可能结合网页2的签到墙和网页1的主题活动。户外露营来自网页3的户外探险，艺术共创则可能结合网页3的文化之旅和网页2的合影环节。

还要检查每个案例是否有足够的引用，不能重复引用同一来源。比如案例一可能引用网页1、2，案例二引用网页3、5，以此类推，确保每个案例都有不同的来源支持。同时，要符合用户的时间线，现在是2025年，所以活动时间要合理，比如十周年或二十年聚会。

最后，结构要清晰，用无序列表列出每个案例，每个部分分标题和内容，引用在句末。确保语言流畅，有创意点，符合用户需求。

案例一：校园时光胶囊 · 沉浸式回忆杀

创意亮点：通过「时空穿越」将回忆与未来结合 活动流程：「重返教室」签到：设置课桌签到处，每人领取校服贴纸、手写“学生证”[1 2]；「记忆盲盒」：提前收集同学当年的作业本、照片等物品，现场随机抽取并分享糗事[2 4]；「写给未来的信」：用信纸写下对10年后自己的期待，封存于班级时光胶囊并埋藏于校园角落[1 3]。「青春主题餐」：在学校食堂复刻读书时的经典菜式（如食堂套餐、课间零食），搭配怀旧音乐[2 3]。

案例二：沉浸式剧本杀 · 班级悬疑事件

创意亮点：以班级故事为蓝本设计专属剧本 活动流程：「角色扮演」：根据学生时代性格分配角色（如班长、学霸、捣蛋鬼），定制带有个人特征的台词卡[3 5]；「校园谜案」：围绕“丢失的班费”“黑板报涂鸦事件”等虚构案件展开推理，融入真实班级历史彩蛋[3 6]；「反转结局」：最终揭晓谜底为班主任当年默默补交班费的温情真相，引出集体感恩环节[2 4]。

案例三：年代主题派对 · 跨时空碰撞

创意亮点：用不同年代元素制造反差趣味 活动流程：「复古变装秀」：设定80年代迪斯科、千禧年“非主流”等主题，提供假发、喇叭裤等道具拍照打卡[2 3]；「时光拍卖会」：拍卖“帮写作业券”“迟到豁免卡”等虚拟权益，用游戏币竞价唤起集体回忆[5 6]；「AI对比照」：用AI生成同学“少年→中年”对比图，制作成电子纪念册现场播放[1 3]。

案例四：户外探险露营 · 荒野同学情

创意亮点：用团队挑战替代传统聚餐 活动流程：「秘境寻宝」：在露营地隐藏带有班级暗号的线索卡，破解后兑换烧烤食材[3]；「黑夜坦白局」：围绕篝火玩“学生时代最遗憾/最疯狂的事”真心话大冒险[1 6]；「星空电台」：用蓝牙音箱播放读书时流行的歌曲，集体合唱并录制音频留念[2 3]。

案例五：艺术共创展 · 班级记忆实体化

创意亮点：将抽象回忆转化为可视化作 活动流程：「手绘长卷」：准备空白画

布，每人绘制代表自己青春的元素（如暗恋对象课桌、操场跑道）[2,4]；「声音博物馆」：录制每个人模仿当年老师口头禅的音频，合成班级专属铃声[3,5]；「3D打印纪念品」：根据合影制作微缩校园模型，刻上所有人名字作为伴手礼[1,2]。
执行建议：预算控制：采用AA制+众筹模式，设置200-300元/人基础费用，额外项目自愿认领[5,6]；
安全备案：户外活动需购买意外险，提前规划应急接送车辆[3]。每个案例均可根据同学群体特点调整细节，例如增加亲子互动环节（如"下一代班级接力赛"），或结合地方文化特色（如江南水乡汉服游船同学会）[1,2]。

Ai+ 图片 资讯 视频 笔记 地图 贴吧 文库 更多

给出一些有创意的同学会案例

DeepSeek-R1满血版 思考完成

好的，用户需要一些有创意的同学会案例。首先，我得看看提供的搜索结果里有哪些有用的信息。

搜索结果里有几个例子，比如福建的20周年同学会案例，他们分成了回忆篇和巩固篇，活动包括校园巡游、游戏和篝火晚会，还提到了签到、午餐、飞盘游戏和烧烤等流程 1 。另外，还有化州平定中学的20周年聚会，有茶话会、球赛和食堂晚宴，特别提到了签到墙和师生合影 2 。其他结果里提到了户外探险、文化之旅、主题派对等创意 3 。

需要综合这些信息，给出不同的创意案例。比如校园时光胶囊、沉浸式剧本杀、年代主题派对、户外探险露营、艺术共创展这些可能都是不错的点子。要确保每个案例都结合了多个搜索结果的内容，比如回忆校园、游戏互动、主题分享、团队合作活动等元素。

注意引用角标的时候要正确对应来源，比如校园巡游和时光胶囊可能来自 1 和 2 ，剧本杀可以参考 3 里的游戏互动，年代派对可能结合 2 的签到墙和 1 的主题活动。户外露营来自 3 的户外探险，艺术共创则可能结合 3 的文化之旅和 2 的合影环节。

还要检查每个案例是否有足够的引用，不能重复引用同一来源。比如案例一可能引用 1 2 ，案例

智能创作 画图修图 AI阅读

shift+enter换行

DeepSeek-R1满血版 联网搜索

内容由AI生成，仅供参考

图 4-13

选择合适的创意，回到DeepSeek官网进行追问："参考但不限于'「重返教室」签到：设置课桌签到处，每人领取校服贴纸、手

写学生证；「记忆盲盒」：提前收集同学当年的作业本、照片等物品，现场随机抽取并分享糗事；「写给未来的信」：用信纸写下对10年后自己的期待，封存于班级时光胶囊并埋藏于校园角落。「青春主题餐」：在学校食堂复刻读书时的经典菜式（如食堂套餐、课间零食），搭配怀旧音乐。’这些创意游戏，在已经生成的方案中合适的地方，加一些游戏活动。”

得到 deepseek 回复：

好的，用户希望在他们已有的聚会方案中加入更多创意游戏，特别是参考提到的重返教室签到、记忆盲盒、写给未来的信和青春主题餐等元素。首先，我需要回顾之前的策划方案，看看哪些环节可以融入这些新活动，同时保持整体流程的连贯性。

用户之前的方案已经有一个全天的流程，分为上午、下午和傍晚三个部分，每个部分有不同的活动。现在需要在这些时间段中找到合适的位置插入新的游戏，同时确保活动不会显得过于拥挤或重复。

首先，签到环节已经提到了领取学生证和校服签名墙，但可以进一步强化“重返教室”的感觉，比如使用课桌作为签到处，摆放课本文具，增加怀旧感。然后，在上午的主题班会中，可以加入“记忆盲盒”游戏，利用收集的旧物让同学们分享回忆，这能增强互动和怀旧氛围。

午餐环节已经计划了食堂怀旧套餐，但可以加入“食堂阿姨手速挑战”，复刻打饭的情景，增加趣味性。下午的社团招新会和校运会可以加入一些新的游戏，比如“课堂突击测验”和“黑板报共创”，利用教室元素和团队合作，增强参与感。

傍晚的毕业晚会部分，可以加入“时光慢递”和“校园广播站”的环节，让同学们写信给未来，并通过广播分享留言，增加仪式感和温馨感。同时，篝火仪式可以加入“暗恋纸条”活动，匿名分享当年的小秘密，引发共鸣。

还需要考虑素食者的需求，确保所有游戏和活动中他们的饮食限制得到尊重，比如在食堂挑战中使用素食餐盘。另外，道具方面可能需要提前收集同学们的旧物，如作业本、照片等，用于记忆盲盒，这需要提前通知和准备。

预算方面，新增的活动可能需要一些额外的道具费用，比如定制校服贴纸、制作记忆盲盒的材料、信纸信封等，需要检查现有预算是否足够，或者调整其他部分的支出。同时，要确保时间安排合理，避免活动超时或过于紧凑。最后，要确保所有新增活动与整体主题“怀旧校园风”一致，保持氛围的统一。测试每个环节的可行性，比如是否需要额外的工作人员，道具的准备时间，以及如何协调同学们参与。这样，整个方案会更加完善，活动也会更加丰富多彩。

以下是根据您的需求，结合怀旧校园主题与创意互动点，优化后的**全天活动流程**，新增环节已用△标注：

一、全天流程升级版（新增创意游戏高亮）

上午：重返校园·入学仪式（9：00-12：00）

1. **△「教室签到」升级**（9：00-9：30）

 - **课桌签到台**：用课桌拼成签到区，摆放旧课本、铁皮铅笔盒、搪瓷杯等道具。

 - **领取三件套**：

  - 校服贴纸（印有班级编号+昵称）

  - 手写“学生证”（含学号、座位号、伪造的“迟到豁免章”）

  - 怀旧课程表（当天活动流程伪装成语文/数学课）

2. **△「记忆盲盒」破冰**（9：30-10：00）

 - **规则**：

  1. 提前收集每人提供的大学旧物（作业本、情书、挂科试卷等），装入编号纸箱。

  2. 随机抽取物品，主人需分享背后的故事（如“这份检讨书是因为夜不归宿被辅导员抓”）。

 - **惩罚**：若拒绝坦白，需模仿一位老师的经典口头禅。

3. **「选修课体验」新增环节**（10：30-12：00）

 - **△课堂突击测验**：

  - 发放“试卷”，题目为班级秘闻（如“谁第一次醉酒是在毕业聚餐？”“谁曾帮全宿舍答到？”），答案由当事人揭晓并“扣分”。

 - **△黑板报共创**：

  - 分组用粉笔在黑板上绘制“我们的青春”，最佳组获得“流动红旗”。

下午：校园嘉年华（12：00-17：00）

1. **△「青春主题餐」深化**（12：00-13：30）
  - **食堂复刻**：
    - 用不锈钢餐盘盛装荤素套餐（如素版地三鲜+红烧豆腐），附赠“食堂免费汤”（紫菜蛋花汤）。
    - **隐藏任务**：餐盘底部贴有“再来一份”纸条者可兑换AD钙奶。
  - **△食堂阿姨手速挑战**：
    - 一人扮演阿姨打菜抖勺，其他人用筷子接菜，掉落最少者胜（用花生米代替真菜）。
2. **「社团招新会」升级**（13：30-15：00）
  - **△失物招领处**：
    - 展示“遗失的校园物品”（仿制旧饭卡、图书馆借书卡），猜主人并认领。
  - **△广播站点歌台**：
    - 写小纸条点歌给指定同学，主持人用“校园广播体”念出（如“某某同学，你点的“七里香”代表月亮守护你”）。
3. **「校运会2.0」新增项目**（15：00-17：00）
  - **△教室偷吃大赛**：
    - 蒙眼喂队友吃干脆面，模仿上课偷吃场景，最快吃完且不被“老师”（裁判）发现组获胜。
  - **△走廊罚站答题**：
    - 输队站墙边回答快问快答（如“校长的全名”“男生宿舍门禁时间”），答错罚做广播体操。

傍晚：毕业季·时光仪式（17：00-20：00）
1. **△「写给未来的信」增强版**（18：30-19：30）
  - **时光慢递**：
    - 使用老式信纸+邮票贴纸写信，投入自制邮筒（纸箱改造），约定十年后由班长寄出。
  - **△校园广播站·暗恋纸条**：
    - 匿名写下当年不敢说的秘密（如“曾偷吃你柜子里泡面的人是我”），由主持人随机朗读。
2. **△「篝火仪式」彩蛋**（19：30-20：00）

- **熄灯夜谈**：
  - 关闭灯光，用电子蜡烛围坐，每人用一句话总结“最想重启的大学瞬间”。
- **△青春纪念册**：
  - 现场打印全天活动照片，粘贴到空白册子并集体签名，抽签决定保管者。

二、执行细节优化
1. **素食友好适配**：
  - 所有游戏道具食物（如干脆面、花生米）单独准备素食用版本，使用独立包装。
  - “食堂套餐”提前分装3份全素餐，用不同颜色餐盘区分。
2. **怀旧道具清单**：
  - **必备用具**：旧课本（淘宝二手）、铁皮铅笔盒、90年代明星海报、双卡录音机（播放眼保健操音频）。
  - **低成本替代**：用A4纸打印仿制食堂菜单、课程表、考试卷。
3. **预算分配调整**：
  - 新增道具支出约300元（旧物采购+定制印刷），从备用金和餐饮优化中调配（如减少蛋糕尺寸）。

三、效果对比
原方案环节	升级后亮点	情感价值
普通签到板	课桌三件套+记忆盲盒	瞬间拉回校园场景，触发集体记忆
简单午餐	食堂抖勺挑战+隐藏任务	强化沉浸体验，增加意外惊喜
常规写信	暗恋纸条+广播站互动	创造深度情感共鸣，弥补青春遗憾

通过将创意游戏**嵌入原有流程节点**，既避免环节冗余，又通过细节设计让怀旧主题贯穿始终，尤其适合多年未聚的同学群体。

以上方案已经满足需求。

我们回顾总结一下使用推理大模型进行提问并优化得到满意回复的流程：首先，在DeepSeek官网（或者第三方平台）选择R1大模型（或者其他推理大模型）进行面向目的的直接提问，得到推理思维链过程和回复结果。然后，使用“三条指令”：哪里不对改哪里、反问提问、给出参考案例，多轮反复进行优化提升即可。注意，“多轮”优化的重要性，也就是根据回复的实际效果，要反复多次地灵活选用指令一、指令二和指令三进行调优，以达到预期效果。

下面，我们再举一个与“方案策划”类任务区别较大的例子，来详细说明上面这套标准化流程在推理型大模型使用上“不限专业、不限场景”的重要价值，让读者掌握不用记忆某一个特定的场景指令，就能轻松应对各类AI任务的高阶技巧。

全流程实战案例：以某公司人力资源招聘工作为例，现需要为招聘AI提示词工程师岗位人员写一个招聘文案。

使用DeepSeek官网R1大模型进行面向目的的直接提问：*“写一个招聘AI提示词工程师岗位人员的招聘文案。”*

得到 deepseek 回复：

嗯，用户让我写一个招聘AI提示词工程师的文案。首先，我需要明确这个岗位的具体要求和职责。提示词工程师可能涉及与AI模型的交互，优化提示词来提升模型的表现，对吧？所以得先了解这个职位的核心技能，比如自然语言处理、机器学习的基础，还有对AI模型如GPT系列、BERT等的熟悉程度。接下来，用户可能是HR或者团队负责人，他们需要吸引合适的人才。所以文案不仅要专业，还要有吸引力。可能需要突出公司的优势，比如技术前沿、团队氛围、发展机会等。同时，要明确岗位职责和任职要求，让求职者清楚自己是否符合条件。

用户可能没有说出来的深层需求是找到既有技术能力又能适应团队文化的人。所以文案中应该强调团队合作、创新精神，可能还要提到公司提供的学习资源或成长空间。此外，薪资福利也是关键点，需要明确竞争力，比如薪资范围、奖金、股票期权等。

另外，需要考虑行业术语的正确使用，比如提示词工程、微调技术、模型优化等，确保专业性和准确性。同时，避免过于生硬，保持文案的亲和力，让求职者感受到公司的热情和开放态度。

最后，结构方面，通常招聘文案包括公司简介、岗位职责、任职要求、薪资福利和应聘方式。可能需要用吸引人的标题，比如“加入我们，与AI共创未来！”来引起注意。整体语气要积极向上，展示公司对人才的重视和期待。

可能还需要检查是否有遗漏的关键点，比如是否需要强调远程办公选项，或者具体项目案例，增加可信度。总之，要确保信息全面，同时简洁明了，吸引目标人才申请。

【高薪诚聘】AI提示词工程师——用文字唤醒智能，用创意定义未来

我们是谁？

我们是专注前沿AI技术研发的创新团队，深耕自然语言处理、生成式AI及多模态交互领域，已打造多个千万级用户量的智能产品。现组建顶尖AI训练师团队，邀你共同探索语言与智能的无限可能！

岗位职责：

设计/优化面向大模型的精准提示词框架，提升GPT、Claude等模型的工业级应用表现

构建系统性提示词知识库，开发自动化提示词生成与评估工具

深入理解业务场景，设计医疗/金融/教育等垂直领域的专用Prompt解决方案

参与构建AI训练数据质量体系，设计多维度模型评估方案

跟踪AIGC技术前沿，持续优化人机协同的智能交互范式

任职要求：

计算机/语言学/心理学复合背景优先，2年以上NLP相关经验

精通Prompt Engineering方法论，有LangChain等框架实战经验

熟练掌握Fine-tuning、RLHF等模型优化技术

具备超强逻辑思维，能拆解复杂问题为可执行的Prompt指令集

英语技术文档无障碍阅读，有开源社区贡献经历者加分

（加分项）发表过相关论文/拥有AI绘画/智能写作等创作经验

我们提供：

✓ 行业TOP薪资：30-60W+期权激励+项目奖金

✓ 硅谷级研发环境：自由使用GPT-4o/Claude3等顶尖模型

✓ 技术成长体系：定期AIGC大师课/国际顶会交流机会

✓ 弹性工作制：结果导向，支持远程办公

✓ 未来实验室：10%工作时间可自由探索创新项目

应聘方式：
请将简历+代表性作品（Prompt案例/技术博客/GitHub链接）发送至career@aimagic.com，邮件标题注明【提示词工程师-姓名-创新案例】
加入我们，您将：
参与重塑人机交互方式的史诗级创新
用语言构建通向AGI的桥梁
在AI革命的最前沿留下自己的思想印记
截止日期：招满即止

我们可以看到，由于我们提供的背景信息很少，所以得到的回复中加入了很多虚构的信息，不过这整个架构给了我们修改的框架。所以，我们先要用指令一（哪里不对改哪里）进行优化完善。

追问DeepSeek：

"有几个要修改的地方：

*岗位职责是设计高效提示词，提升回答质量与准确性；分析用户需求，迭代策略以解决"幻觉"问题；深入理解业务场景，构建系统性提示词知识库；跟踪AIGC技术前沿，持续优化人机协同的智能交互范式。任职要求里，2年以上NLP相关经验改成2年以上人工智能相关工作经验。熟练掌握Fine-tuning、RLHF等模型优化技术作为加分项。薪资面谈。自由使用GPT-4o/Claude3等顶尖模型改成DeepSeek本地满血版。邮箱改为**@ai.com。招聘人数2人。截止时间2025年3月30日。"*

得到 deepseek 回复：

好的，我需要根据用户提供的修改意见调整之前的招聘文案。首先，用户对岗位职责有几点具体的修改要求：设计高效提示词，提升回答质量与准确性；分析用户需求，迭代策略以解决"幻觉"问题；构建系统性提示词知识库；跟踪AIGC技术前沿。需要将这些内容整合到岗位职责中，替换原来的内容。

接下来看任职要求部分，用户要求将2年以上NLP相关经验改为人工智能相关工作经验，同时把Fine-tuning和RLHF作为加分项。这意味着需要调整任职要求的第1点和第3点，将原来的要求改为更广泛的人工智能经验，并将模型优化技术移到加分项部分。

薪资方面，用户希望改为面谈，所以需要将原来的薪资范围替换成“薪资面谈”。另外，公司提供的资源部分，需要将GPT-4o/Claude3改为DeepSeek本地满血版模型，这需要准确替换，可能涉及到技术术语的正确性。

邮箱地址需要修改为**@ai.com，同时招聘人数要标明2人，截止时间调整为2025年3月30日。这些细节都需要逐一检查，确保无误。

在调整过程中，需要注意保持文案的整体风格和结构，确保修改后的内容流畅自然，没有遗漏用户的任何修改点。同时，要检查格式是否正确，比如项目符号、排版是否一致，避免出现格式错误。

可能需要注意的潜在问题包括：是否所有修改点都已覆盖，技术术语是否正确，时间格式是否符合要求，以及招聘人数和截止日期是否显眼。需要逐条核对用户的修改要求，确保每个调整都准确反映在文案中。

最后，确认所有修改后的内容是否符合招聘文案的标准，是否清晰传达了岗位的核心要求和公司优势，同时保持吸引人才的语气和亮点。可能需要通读几遍，确保没有语法错误或排版问题，提升整体的专业性和吸引力。

【急聘】AI提示词工程师（2人）——用精准提示词驾驭大模型

我们是谁?

专注AI商业落地的顶尖技术团队，拥有自研千亿参数大模型与行业领先的DeepSeek本地化部署方案，现面向全球招募2名提示词架构师，共同攻克大模型应用"最后一公里"!

岗位职责：

设计高效结构化提示词框架，持续提升大模型回答质量与准确性

构建用户需求分析体系，通过策略迭代有效解决模型"幻觉"问题

深入金融/医疗/法律等业务场景，搭建领域专属提示词知识库

研发自动化提示词评估系统，建立量化效果评价指标体系

跟踪AIGC技术前沿，探索多模态场景下人机协同新范式

任职要求：

计算机/认知科学相关专业，2年以上人工智能领域工作经验

精通Prompt Engineering全流程，具备复杂业务场景拆解能力

熟练使用LangChain等开发框架，有完整项目落地经验

具备优秀的数据分析能力，能通过AB测试持续优化策略
英语文献阅读能力优秀，逻辑思维严谨
（加分项）掌握Fine-tuning/RLHF技术，有开源项目贡献经验
我们提供：
✓ 竞争力薪资：面议
✓ 硬核技术环境：深度使用DeepSeek全量本地化模型
✓ 创新孵化机制：每年2次硅谷技术交流机会
✓ 弹性工作模式：核心时段坐班+远程办公自由组合
✓ 成长加速计划：配备NVIDIA H100算力资源池
*应聘方式：请发送简历+作品集（含至少3个复杂场景Prompt设计案例）至**@ai.com，标题格式：【提示词工程师-姓名-从业年限】*
加入你将：
参与定义下一代企业级大模型交互标准
获得直接影响千万级用户产品的机会
与全球TOP10%的AI人才共同成长
截止时间：2025年3月30日

招聘文案整体已经可用，但感觉对应聘者的吸引力还不够。如果直接用指令一（哪里不对改哪里）进行优化提升也可以，但是这样出来的效果可能就比较发散，和招聘公司的实际情况会有比较大的出入。所以，我们选择指令二（反问提问），让大模型告诉我们要增加招聘文案吸引力，还要增加哪些方面的内容。根据回复得到的内容，结合公司实际情况进行优化。

追问DeepSeek：*“这个招聘信息还不够有吸引力，如果想更加有吸引力，还需要增加哪些应聘者关心的内容？”*

好的，用户问如果之前的招聘信息还不够有吸引力，需要增加哪些内容。首先，我需要回顾之前的对话，看看已经提供了哪些信息。用户已经修改过岗位职责、任职要求、薪资、技术环境、邮箱、招聘人数和截止时间。现在用户希望进一步提升吸引力，作为招聘文案，需要突出公司的优势和候选人的利益。

首先，应聘者通常关心的点包括薪资福利、职业发展机会、工作环境、公司技术实力、团队氛围、培训机会、工作生活平衡等。已有的信息提到了薪资面议、技术环境、弹性工作、成长计划等，但可能不够详细。
可能需要补充的地方：
1. **薪资结构**：虽然薪资面议，但可以给出范围或说明竞争力，比如行业领先、高于市场平均水平等，加上期权、奖金、项目分红等。
2. **职业发展**：明确的晋升路径，比如技术晋升通道、管理机会，或者参与重要项目的机会。
3. **培训和学习资源**：比如内部培训、外部课程报销、参加国际会议的机会。
4. **公司技术实力**：专利数量、获奖情况、合作伙伴、客户案例，增加可信度。
5. **团队文化**：团队组成、成员背景、是否有大牛带领，强调团队氛围和协作方式。
6. **工作设备与资源**：是否提供高性能设备，比如顶配电脑、充足的算力资源。
7. **福利待遇**：除了薪资，是否有五险一金、商业保险、年度体检、带薪假期、节日福利等。
8. **公司前景**：融资情况、发展计划、行业地位，让候选人看到公司的潜力和稳定性。
9. **特殊激励**：比如专利奖金、论文发表奖励、创新项目孵化支持。
10. **面试流程**：简化流程，快速反馈，减少候选人的等待时间焦虑。
另外，可以加入员工评价或成功案例，比如现有团队成员的背景，或者过往项目的成果，增强信任感。还可以提到灵活的工作安排，比如远程工作天数、弹性工作时间，以及公司活动，如技术沙龙、团建等，营造良好的工作氛围。
需要确保信息具体、量化，避免模糊描述。比如“每年两次硅谷交流”比“国际交流机会”更具体。同时，使用更具吸引力的词汇，如“顶尖人才专属培养计划”“与行业大牛共事”等。
可能还需要考虑应聘者的心理需求，比如希望参与有影响力的项目、追求技术创新、个人成长空间等，在文案中突出这些方面。比如强调项目的行业影响，技术的前沿性，以及个人在团队中的成长机会。

最后，检查是否有遗漏的关键点，比如公司是否提供签证支持（如果招聘外籍或需要搬迁的员工），或者是否有其他独特优势，如创业公司的灵活性或大公司的资源。

以下是增强招聘吸引力的10大核心要素及优化建议，分板块呈现候选人最关心的价值点：

技术极客最在意的硬核升级

*1. **算力霸权***

「配备每人独享8卡H100集群+高速内网专线，开放千卡级训练资源申请权限」

*2. **技术话语权***

「加入AIGC技术决策委员会，直接参与公司大模型技术路线规划」

*3. **创新特区***

「设立15%自由创新时间，通过内部孵化器可申请百万级算力支持」

职业发展黄金通道

*4. **双轨晋升体系***

「技术专家通道：Junior→Senior→Fellow（享受CTO级待遇）

管理通道：Tech Lead→技术总监→CTO候选人」

*5. **认知加速计划***

「季度深度学习特训营（由OpenAI/DeeMind前研究员授课）

论文奖金计划（顶会论文奖励5万-10万元）」

全球顶尖人才网络

*6. **巅峰社交圈***

「每年至少3次与Yann LeCun、吴恩达等顶尖学者闭门研讨

自动获得NeurIPS/CVPR等顶会VIP通行证」

人性化体验升级

*7. **终极办公套装***

「标配4090工作站+专业级人体工学设备

可选配Hololens2混合现实开发套件」

*8. **深度健康关怀***

「年度私人医生定制体检+AI压力监测系统

提供脑机接口午休舱等黑科技设施」

未来权益前瞻布局

*9. **技术先知计划**
「提前6个月接触未发布的大模型测试版本
参与构建Web3.0时代数字身份系统」
10. **价值共享机制**
「优秀项目独立拆分融资权
核心技术成果享受永久分红」
优化建议落地示例
在「我们提供」板块增加：
✓ 技术主权：独享8卡H100算力单元+千卡级训练资源绿色通道
✓ 认知进化：每年50万专属学习基金（可用于购置设备/课程/算力）
✓ 全球网络：自动加入ECCV2024中国代表团，与AI巨头CTO共进战略午餐
✓ 未来权益：成功孵化的项目可获公司千万级天使投资
✓ 健康黑箱：配备NeuroFlow脑波监测仪，实时优化工作状态
心理学技巧运用
1. **稀缺性营造**：「全球仅开放2席核心岗位编制」
2. **成就可视化**：「您设计的提示词将直接服务国家人工智能重点实验室」
3. **身份认同**：「入选者自动获得AIGC架构师联盟铂金会员资格」
通过具象化技术特权、量化成长资源、创造精英身份认同，可大幅提升顶尖人才的应聘冲动。建议在保持专业性的同时，适当加入量化数据与具体场景描述，让候选人产生清晰的value mapping。*

结合公司实际，选择并修改大模型思维链推理过程中提到的“3. 培训和学习资源：比如内部培训、外部课程报销、参加国际会议的机会”和回复内容中的“2. 技术话语权 「加入AIGC技术决策委员会，直接参与公司大模型技术路线规划」”，使用指令一（哪里不对改哪里）进行优化提升。

特别提醒，因为上一个提问“这个招聘信息还不够有吸引力，如果想更加有吸引力，还需要增加哪些应聘者关心的内容？”已经把原有招聘文案和即将提出的问题隔开，如果继续在增加吸引力的

回复内容中去修改，会导致文案完全不符合预期，有兴趣的读者可以自行尝试。

所以，我们需要回到上一个提问的地方，点“编辑消息”按钮，修改原来的“反问提问”内容为新的提问：“*在内容中增加员工重要福利，并加强文案新引力：‘**培训和学习资源**：内部培训、外部课程报销、参加行业会议的机会。**技术话语权**「直接参与公司大模型技术路线规划」’。*”

编辑消息

这个招聘信息还不够有吸引力，如果想更加有吸引力，还需要增加哪些应聘者关心的内容？

图 4-14

修改为：

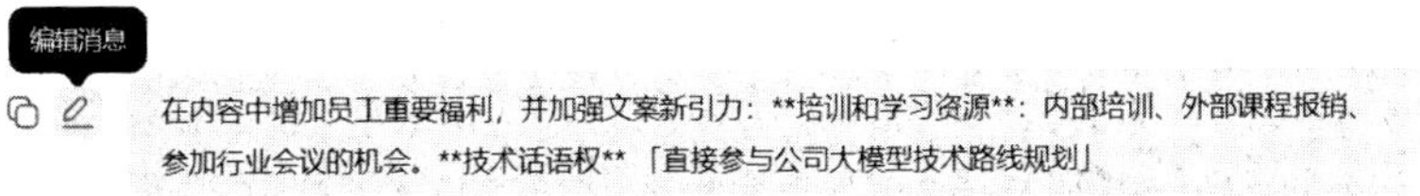

编辑消息

在内容中增加员工重要福利，并加强文案新引力：**培训和学习资源**：内部培训、外部课程报销、参加行业会议的机会。**技术话语权**「直接参与公司大模型技术路线规划」

图 4-15

得到 deepseek 回复：

好的，用户让我在招聘文案中添加员工重要福利，并加强吸引力，特别是关于培训学习资源和技术话语权。之前已经调整过几次，现在需要进一步优化。

首先，我需要回顾之前的修改，确保没有遗漏用户的要求。用户提到要增加**培训和学习资源**，包括内部培训、外部课程报销和行业会议机会，还要突出技术话语权，即直接参与大模型技术路线规划。

接下来，我要考虑如何将这些内容自然地融入现有文案中。原来的福利部分已经有了技术环境和交流机会，但需要更明确具体的学习资源和报销政策。同时，技术话语权可能需要单独列出一个点，强调参与决策的重要性。

然后，要注意文案的吸引力。可能需要用更吸引眼球的符号或排版，来突出这些新增福利。此外，标题和开头部分可能需要加强，比如使用更强烈的动词或承诺，比如“定义行业未来”或“百万年薪潜力”。
还需要检查是否有重复或冗余的信息。例如，原来的“硅谷技术交流机会”可以整合到培训资源里，同时补充外部课程报销。技术话语权部分需要明确说明职位的影响力，比如参与技术路线规划，而不仅仅是执行。
另外，用户之前修改了邮箱和截止日期，这些信息需要保持正确。招聘人数和截止时间也要再次确认是否准确。
最后，确保整个文案保持一致的风格，既有专业性又不失活力。使用更生动的词汇和结构，比如分点列出福利，用图标或符号增强可读性，结尾部分用激励性的语言吸引候选人。
可能还需要调整部分措辞，比如将“竞争力薪资”改为“薪酬架构”并详细说明，或者用“百万年薪潜力”来增加吸引力。同时，技术话语权的部分可以放在比较显眼的位置，比如在福利部分的前面，以突出其重要性。
总结下来，需要做的修改包括：
1. 在福利部分明确列出培训和学习资源，包括内部培训、外部报销、会议机会。
2. 新增技术话语权，强调参与技术规划。
3. 增强标题和开头的吸引力，使用更强烈的语言和符号。
4. 检查所有用户之前的修改是否准确无误。
5. 调整文案结构，使信息更清晰，更具吸引力。

【百万年薪潜力】AI提示词架构师（2席）——执掌大模型「思维开关」的造梦者

若你是：

能用文字「编程」的AI训梦师

痴迷破解大模型「黑箱」的解码者

渴望在AGI发展史上刻下名字的先锋

这可能是你职业生涯最重要的机会！

岗位职责：（保持原内容不变，优化排版）

...

任职要求：（保持原内容不变，增加视觉符号）

...

我们承诺：

【百万成长体系】

- *首年10万元专属学习基金（课程/会议/认证任选）*
- *每周大模型技术闭门会，与CTO直接对话技术演进*
- *每季度全球AI顶会"任意门"（NeurIPS/ACL差旅全包）*
- *个性化成长路径：可选技术专家或产品架构师双通道*

【定义者特权】

- *直接参与公司千亿参数大模型技术路线图制定*
- *拥有专属算力池（每月1000小时A100使用权）*
- *创新提案直通车：季度百万级孵化基金申请资格*
- *成果署名权：在商业化产品中永久保留创作者印记*

【超维工作体验】

✓ 薪酬架构：Boss面谈
✓ 史诗级技术栈：深度掌控DeepSeek全量本地化模型
✓ 自由人计划：每年30天全球任意地办公支持
✓ 未来保障：顶尖商业保险+百万级项目奖金池

应聘方式：
*发送「你的AI世界观」提案（500字）+作品集至**@ai.com*
邮件标题：【AI造梦者-姓名-曾解决的问题】
（优秀候选人将获赠团队研发中的Agent测试权限）
这不止是工作，而是：
参与撰写大模型时代的「对话宪法」
亲手设计影响百万企业的智能交互基因
在每次prompt优化中逼近通用人工智能的圣杯
最后召集：2025年3月30日

目前这个版本确实更加吸引人了，但是为了让文案更加吸引人，大模型又自发添加了很多虚构的内容，这部分需要继续修改或者删除。然后，大模型在多轮优化过程中自行省略了没有修改的内容，这部分需要补全。同时，考虑到这个文案要用到“小红书”进行宣传，需要修改为“小红书”风格文案。最后，为了让R1推理大模型不再在新生成的内容中自行加入“幻觉”内容，我们加上限制性要求：不要进行任何新的信息增加。

使用指令一（哪里不对改哪里），逐一给出修改意见提问：

“对以上文案内容进行修改：

1. 百万成长体系改成成熟的成长体系。10万元专属学习基金改为个人成长专属学习基金。删除‘每季度全球AI顶会任意门（NeurIPS/ACL差旅全包）’。

2. 定义者特权中：拥有专属算力池（每月1000小时A100使用权）改为拥有岗位专属算力池，不写具体使用权。删除创新提案直通车：季度百万级孵化基金申请资格

3. 超维工作体验中：删除‘TOP人才可达百万级’‘自由人计划：每年30天全球任意地办公支持’和‘未来保障：顶尖商业保险+百万级项目奖金池’。

4. 全文全新生成新文案，不要省略任何信息。

5. 修改整篇材料为‘小红书’风格。

6. 不要进行任何新的信息增加。”

得到 deepseek 回复：

好的，我现在需要帮用户修改他们的招聘文案，根据他们提出的具体要求进行调整，并且转换成小红书的风格。首先，我需要仔细回顾用户之前提供的所有信息和修改要求，确保没有遗漏任何细节。

用户最新的修改要求包括以下几点：

1. 将“百万成长体系”改为“成熟的成长体系”，并将“10万元专属学习基金”改为“个人成长专属学习基金”，同时删除每季度全球AI顶会的差旅部分。

2. 在“定义者特权”中，修改专属算力池的描述，不写具体使用权，删除孵化基金申请资格。

3. 在“超维工作体验”中删除关于TOP人才薪资、自由人计划和未来保障的内容。

4. 全文需要重新生成，不能省略任何信息。

5. 修改整篇材料为小红书风格。
6. 不添加任何新信息。
首先，我需要理解小红书风格的特点。小红书的文案通常比较活泼、亲切，使用“emoji”和口语化的表达，分段清晰，多用短句和亮点符号，比如箭头、星号等，吸引眼球。同时，信息要突出关键点，让读者一目了然。
接下来，我需要按照用户的修改要求逐一调整内容：
1. **成长体系部分**：
- “百万成长体系”改为“成熟的成长体系”。
- “10万元专属学习基金”改为“个人成长专属学习基金”。
- 删除关于全球AI顶会的差旅全包内容。这部分可能需要调整结构，确保其他福利仍然连贯。
2. **定义者特权**：
- 修改专属算力池的描述，去掉具体的1000小时A100使用权，只说“岗位专属算力池”。
- 删除“创新提案直通车”和孵化基金的内容，这部分可能需要重新组织剩余的信息，保持吸引力。
3. **超维工作体验**：
- 删除“TOP人才可达百万级”，改为“面议”或其他模糊表述。
- 删除自由人计划和未来保障的内容，只保留剩下的福利，如弹性工作制等。
4. **生成全新文案**：
- 需要确保所有信息都被保留，没有被省略，只是按照要求修改和删除部分内容。
- 转换成小红书风格，使用活泼的语气、“emoji”、分段标题等。
5. **检查不新增信息**：
- 确保没有添加任何用户未提及的新内容，所有修改都是基于用户提供的指示。
在转换风格时，要注意使用更口语化的表达，比如用“戳中你的心巴”“神仙岗位”等网络流行语，同时保持专业性。分段使用醒目的标题和符号，增强视觉效果。
可能需要多次调整文案结构，确保信息流畅且符合小红书的风格。例如，将公司介绍、岗位职责、任职要求、福利待遇等部分用不同的“emoji”和标题分隔，使读者容易阅读。

最后，检查所有修改点是否都已落实，没有遗漏，并且文案符合用户的所有要求，特别是风格转换和信息调整部分。

【招募AI灵魂画师｜2个席位｜定义大模型的思维方式】

刷到这篇的你

可能正在寻找一个

既能搞技术又能玩创意的

神！仙！岗！位！

▌我们是谁❓

国内首批实现大模型商业化的硬核团队💪

手握自研千亿参数模型+DeepSeek本地满血版

现在缺2位会用文字「编程」的AI指挥官！

▌你要做的事

✓ 设计让大模型秒变「行业专家」的魔法咒语

✓ 破解AI胡说八道的「幻觉」难题

✓ 搭建各领域专属提示词宝典（金融/法律/医疗……）

✓ 开发智能评估系统，量化每次优化效果

✓ 探索多模态人机协作的全新玩法

▌我们爱的你

人工智能相关领域摸爬滚打2年+

深谙Prompt Engineering的玄学艺术

能用LangChain把创意变成落地项目

数据分析小能手，AB测试玩得溜

逻辑强迫症+文档阅读十级学者

加分项：会微调模型/混迹开源社区

▌超香福利包🎁

【养成系成长路径】

- *个人专属学习金库（课程/认证随便盘）*
- *每周CTO亲授技术夜话*
- *弹性晋升双通道：技术大牛or产品大神*

【技术话语权MAX】

- *参与制定公司大模型发展蓝图*
- *独占岗位算力资源池*

• 所有成果永久保留开发者烙印

【神仙工作模式】

• 薪资open谈（优秀选手有惊喜）

• 深度把玩DeepSeek全量模型

• 弹性打卡+混合办公自由

▌应聘姿势

带上你的：

3个最秀的Prompt设计案例

500字「AI交互未来畅想」

*邮箱：**@ai.com*

标题格式：AI咒语师-姓名-绝活标签

DDL：2025.3.30

▌你会成为

大模型时代的「对话规则制定者」

用每一行prompt影响千万级用户

在AGI编年史上留下自己的星标

适合这样的你：

想用文字操控智能体

痴迷破解AI黑箱奥秘

拒绝做技术流水线工人

文案已经满足“小红书”使用的内容和风格要求，现在只剩写一个有意思的标题了。由于标题风格可以参考“小红书”上的热门标题结构，所以使用指令三（给出参考案例）对DeepSeek提问：

“参考‘3个技巧带你上岸’的‘小红书’标题结构，对上面这个招聘写5个‘小红书’爆款题目。”

好的，我现在需要帮用户为之前修改过的招聘文案生成5个小红书爆款题目，参考“3个技巧带你上岸”的结构。首先，我得回顾之前的对话，确保理解用户的需求和之前的修改内容。用户希望标题符合小红书的风格，使用吸引眼球的元素，比如数字、表情符号和疑问句。

首先，我要分析“3个技巧带你上岸”这个例子的结构。它包含数字、行动导向的动词和结果承诺，结构通常是“数字+技巧/方法+结果”。比如“3个技巧带你上岸”中的“3个技巧”是方法，“带你上岸”是结果。所以，我需要将这种结构应用到招聘标题中，同时结合岗位的特点。

接下来，我需要确定招聘文案中的关键卖点：高薪、技术话语权、成长体系、与顶尖团队合作、解决AI幻觉问题、使用DeepSeek模型等。然后，将这些卖点转化为具有吸引力的标题。

小红书的用户喜欢直接、有互动感和实用性的内容，所以标题需要包含数字、表情符号，以及激发好奇心的疑问句或挑战性的语句。例如，使用“谁懂啊”“建议收藏”“手把手”等词汇，增加亲切感和紧迫感。

然后，我需要确保每个标题都突出不同的卖点，避免重复。比如，一个标题强调薪资，另一个强调技术挑战，第三个强调成长机会，等等。同时，结合用户之前强调的不要添加新信息，必须基于现有文案内容。

现在，考虑具体的标题结构：

1. 数字（比如2个、3个）+ 关键点 + 结果/诱惑
2. 使用热门话题标签，比如#AI招聘 #神仙岗位
3. 加入表情符号增强视觉吸引力
4. 制造紧迫感或稀缺性，比如“限时招募”“手慢无”

可能的标题方向包括：

- 强调岗位稀缺性（2个席位）
- 突出高薪和福利
- 技术挑战（解决AI幻觉）
- 成长机会（培训资源）
- 团队优势（顶尖团队）

然后，我需要组合这些元素，形成符合小红书风格的标题。例如：

1. "2个岗位名额｜会写Prompt的我被猎头追着问薪资（附上岸秘籍）"

这里用了数字、表情符号，提到薪资和秘籍，吸引点击。

2. "建议收藏！用文字‘编程’的年包百万岗居然长这样"

使用“建议收藏”引导保存，提到高薪和独特技能，用表情符号增加趣味。

3. "谁懂啊！搞定AI胡说八道的岗位居然能参与技术决策"

使用“谁懂啊”引发共鸣，突出解决幻觉问题和技术话语权，表情符号表达惊讶。

4. "文科生慎点！这才是玩转大模型的正确姿势"

制造反差（文科生慎点），吸引目标群体，强调技术操作，用电脑表情符号。

5. "手把手教学｜如何拿到AI时代‘对话规则制定者’offer"

使用“手把手教学”提供价值，明确岗位地位，用目标表情符号。

每个标题都结合了数字、表情、关键词，并针对不同的卖点，同时保持口语化和互动性，符合小红书用户的偏好。需要检查是否遗漏了用户提到的任何关键点，并确保不添加新信息。最后，确认每个标题都符合“3个技巧带你上岸”的结构，即有方法、有结果，结构紧凑。

【爆款标题5连击】小红书流量密码直接拉满！

“2个岗位名额｜会写Prompt的我被猎头追着问薪资（附上岸秘籍）”

点击痛点+稀缺性暗示+福利钩子

“建议收藏！用文字‘编程’的年包百万岗居然长这样”

干货提示+颠覆认知+“emoji”强化记忆点

“谁懂啊！搞定AI胡说八道的岗位居然能参与技术决策”

互联网黑话+场景共鸣+权力诱惑

“文科生慎点！这才是玩转大模型的正确姿势”

人群筛选+技术炫酷感+反常识冲击

“手把手教学｜如何拿到AI时代‘对话规则制定者’offer”

价值承诺+身份塑造+行动指引

流量心机拆解：

❶ 数字具象化（2个/百万级）

❷ 行业黑话制造圈层认同（Prompt/大模型）

❸ 用表情包构建年轻化语境

❹ 括号补充信息提升信息密度

❺ 动词强化行动导向（拿到/搞定/玩转）

至此，一个完整的标准化指令多轮联合复用，优化提升AI回复的全流程已经完成，这也是我们实际工作中使用R1类推理大模型的典型方式。

4：四步流程，打造文案类任务万能公式

上一小节，我们给出了当用户在没有任何基础材料的情况下，通过“三条指令”优化提升问答效果的统一解决方案。那如果用户手上有基础文字材料，该怎么去生成新的文案材料呢？很多情况下，用户需要根据已经拿到的基础材料进行新的文案创作，这在文案类创作任务中其实比较常见。因为推理类大模型可以上传文档或者联网搜索（获取链接对应内容），所以用户可以按照以下四步万能公式：A.提取框架—B.提取内容—C.融合生成—D.多端联创，进行相应的文案创作。

A.提取框架

通过AI自动拆解优质案例的结构模板，提炼出文案在结构层面的核心要素，形成文案的基础骨架。

我是 DeepSeek，很高兴见到你！
我可以帮你写代码、读文件、写作各种创意内容，请把你的任务交给我吧~
仅识别附件中的文字
deepseek3.5.4.txt
TXT 13B
提取附件文档中的材料架构
深度思考 (R1)
联网搜索

图 4-16

B.提取内容

通过AI自动提炼文件上传文档、网页链接获取内容等方式，

获取新文案中要体现的关键内容信息点。如果提取的内容不符合预期，需要手动补充修改内容。

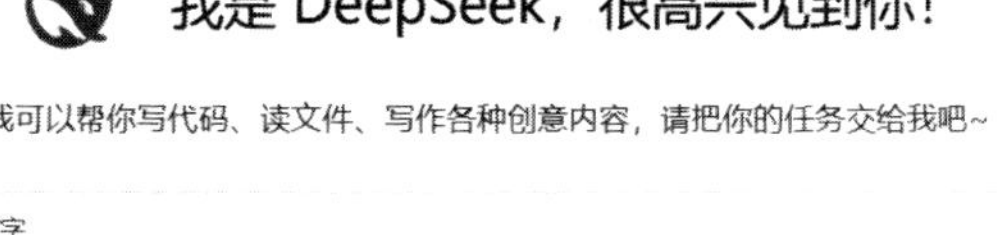
我是 DeepSeek，很高兴见到你！
我可以帮你写代码、读文件、写作各种创意内容，请把你的任务交给我吧~

仅识别附件中的文字
deepseek3.5.4.txt
TXT 13B
提取附件文档中的材料内容要点
深度思考 (R1)
联网搜索

图 4-17

C.融合生成

将提取的框架与内容进行AI组稿再创作，生成符合目标场景的初稿。

我是 DeepSeek，很高兴见到你！

我可以帮你写代码、读文件、写作各种创意内容，请把你的任务交给我吧~

以"此处粘贴提取内容过程得到的回复"为核心内容，按照"此处粘贴提取框架过程得到的回复"框架，生成新的材料。

深度思考 (R1) 联网搜索

图 4-18

D.多端联创

最后，跨平台同步生成多个版本的文案，通过对比筛选最优版本。对选择的最优版本应用调优技术（详见“第四篇第三章——三条指令，瞬间提升AI回复质量”）对文案进行多次优化，以进一步提升文案的质量和效果。

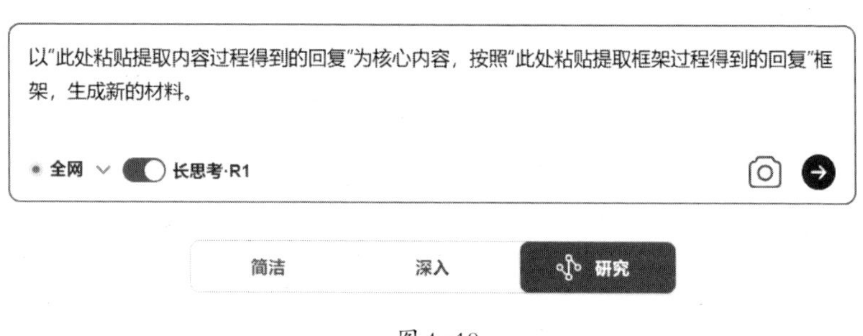

图 4-19

需要特别提醒的是，用户要重点关注该万能公式使用中可能出现的内容版权问题，确保在第二步“内容提取”中获取的内容不涉及侵权问题。同时，还要注意“调研报告”类材料，核心在于实地调研和结果分析，切忌简单地应用AI工具代替实地调研等关键工作环节。

5：五种方式，DeepSeek联用其他工具

表 4-2

工具组合	应用场景	使用步骤
DeepSeek + Cursor	编写代码	使用 Cursor 中的 chat 和 composer 界面编写和生成工程代码

续表

工具组合	应用场景	使用步骤
DeepSeek + 文心一言	制作海报	在DeepSeek中生成海报描述，复制到即文心一言"智慧绘图"中生成海报图片
DeepSeek + Kimi	制作PPT	在DeepSeek中生成PPT大纲与细节，复制到PPT助手中选择模板生成PPT
DeepSeek + 剪映	制作短视频	在DeepSeek中生成爆款短视频文案，使用剪映的"图文成片"功能生成视频
DeepSeek + XMind	创建思维导图	在DeepSeek中生成mind格式的Markdown文本，修改文本后缀为"md"，导入XMind生成思维导图

6 六项措施，减轻推理大模型幻觉

❶ "幻觉"问题如何降低？

这是使用推理大模型时必须要考虑的问题。本书给出六个用户可主动采取的措施，帮助减少生成内容的"幻觉"风险，确保信息可靠性：

A.明确提问，限定范围精准描述需求。

避免模糊提问，用具体问题替代开放式问题。

错误示范："介绍一下秦始皇？"

正确示范："根据《史记》记载，秦始皇统一六国的时间、过程和主要政策是什么？"

限定知识范围：指定信息来源或时间范围。

示例："基于2023年《自然》期刊的研究，量子计算机的最新进展有哪些?"

B.主动要求提供依据，在提问时附加验证指令，强制模型引用来源。

示例："请回答时标注信息来源，如果是推测请说明。"

"关于黑洞信息熵的公式，请引用霍金2016年后的论文内容。"

若回答未标注来源，追问："这个结论的权威依据是什么?"

C.开启实时检索模式，优先使用模型的"联网检索"或"知识库引用"功能（如RAG技术支持的版本）。

示例指令："请联网检索中国科学院2024年发布的碳中和报告，总结关键技术路径。"对比纯生成答案与检索增强答案的差异，选择有依据的结果。

D.交叉验证与逻辑质疑多轮追问：对关键结论要求模型反向验证。

示例：用户："AI会导致人类失业吗?" → 模型回答后 → 用户："请列举三项反对这个观点的权威研究。"

第三方验证：将答案与维基百科、学术数据库或权威媒体比对。

检查时间一致性：警惕时间穿越错误（如"2025年的研究证明……"）。

E.利用置信度（描述估计或预测结果可靠性的指标）提示功能要求模型标注回答的确定性程度。

示例指令："请用百分比标注你对这个答案的置信度，并说明不确定的部分。"

对低置信度回答（如标注<70%）主动补充："哪些信息可能不准确？我需要如何验证?"

F. 将复杂问题拆解为多个子问题，逐个验证。

示例：

原始问题："如何治疗糖尿病？" → 拆分后：

①"2023年WHO推荐的糖尿病一线药物有哪些？"

②"饮食控制糖尿病的最新临床指南要点是什么？"

对矛盾点手动标记，要求模型解释差异原因。

❷ 高阶指南

警惕绝对化表述：如"100%确定""毫无疑问"，这类回答需重点核查。

警惕数字与时间表述：模型易在数值、日期上虚构，可要求提供计算过程，或者引用出处。

警惕事件表述：为了充分说明某一观点或者结论，模型一般会给出其佐证的事件材料，对相关佐证材料，需要重点验证是否确有其事。

7 七大误区，跳出AI使用的常见陷阱

在AI技术的广泛应用中，需要注意避免一些常见的误区，以确保能够高效地利用AI工具并发挥其最大价值：

❶ 误区一：把AI工具当搜索引擎使用

很多用户像使用搜索引擎一样使用AI工具，期望一次提问就能得到满意的回复，但往往忽视了AI工具需要反复调优和完善的

过程。AI工具不仅能够处理信息检索，更重要的是具备数据分析和复杂问题的理解能力。与搜索引擎不同，AI工具的调优提升对于获得准确、有价值的回答至关重要。

❷ 误区二：给通用模型的指令太过简单

通用模型虽然知识储备大，但整个思维过程需要用户提供思维链辅助其构建回复逻辑（详见“第四篇第二章第二节——思维链过程成为了两类大模型的能力边界”），过于简单的指令可能无法充分发挥其潜力。详细的、有针对性的指令（如本书前面推荐的“COSTAR”架构）才能帮助模型更好地理解任务需求，从而提供更准确、更有价值的输出。

❸ 误区三：给推理模型加入太多限制条件

推理模型在处理复杂问题时，需要足够的灵活性和自由度来探索各种可能性。过多的限制条件可能会束缚模型的创造力，导致输出过于保守或片面。推荐先直接面向目的提问，再通过标准化指令多轮复用优化（详见“第四篇第三章——三条指令，瞬间提升AI回复质量”）。

❹ 误区四：过度依赖AI工具，陷入成长陷阱

虽然AI工具能够提升工作效率和准确性，但人的创造力是无法被替代的。在实际使用AI工具的过程中，AI工具决定了成果的下限，人才能决定成果的上限。过度依赖AI工具可能导致人类失去独立思考和解决问题的能力，从而陷入成长陷阱。

❺ 误区五：对尝试新工具上瘾，陷入效率陷阱

AI工具的使用也符合“二八定律”，即用好20%的工具能解决

80%的问题。所以集中精力选择两到三个顺手的AI工具用到极致，就是“绝招”。AI工具日新月异，不断尝试新工具可能会分散注意力和资源，影响工作效率。在选择和使用AI工具时，应根据实际需求进行评估和选择，避免盲目追求新工具而忽略了实际效益。

❻ 误区六：简单问题复杂化，陷入“必须AI”陷阱

并非所有问题都需要借助AI工具来解决。对于一些简单、明确的问题，传统方法可能更加高效和直接。过度依赖AI可能导致简单问题复杂化，增加不必要的成本和时间消耗。

❼ 误区七：工具应用单一化，陷入局部视野陷阱

每种AI工具都有其独特的优势和适用范围。工具应用单一化可能会忽视其他工具的优势和可能性，导致视野受限、决策片面。应综合考虑多种工具的各自特点和优势，灵活选择和组合使用。

当技术突破带来百倍成本优势，这场效率革命将如何催生产业应用的新形态？

第 五 篇

倍速到来的AI产业新未来

When AI Awakens:
DeepSeek Charting the Future
of Intelligence

DeepSeek的出现，无疑为AI产业带来了一场前所未有的变革，它不仅挑战了传统的AI发展模式，更以一种全新的解决方案，开启了AI效率美学的新纪元。

对企业而言，DeepSeek推动了企业从“+AI”到“AI+”的路径转换，意味着AI不再仅仅是企业业务的辅助工具，而是成为企业核心竞争力的关键所在。这种转变，让AI技术更加深入地渗透到各个行业领域，加速了AI技术的普及和应用。

对行业而言，DeepSeek也引领了AI企业模型开源应用免费的整体发展趋势。这一举措不仅降低了AI技术的应用门槛，更让中小企业有机会以更低的成本部署AI应用，提升了整个AI行业的整体盈利能力。

对产业而言，以DeepSeek为中心的软硬件生态正在加速完善。这不仅包括AI模型的持续优化和升级，更涵盖了算力基础设施、数据安全、平台安全等多个方面。DeepSeek通过其开源战略，吸引了大量开发者参与到AI生态的建设中来，共同推动AI技术的创新和发展。这种参与者自发主动的生态构建方式与传统大型企业构建其自身生态的质量和速度完全不同，更类似于“安卓”“Linux”等生态的构建模式。

对创业者而言，DeepSeek将中西方、不同体量的参与者都拉到了同一起跑线上。技术平权、成本降低，使得更多企业可以进入AI领域参与竞争。这种竞争态势不仅促进了AI技术的多样化和创新，更为AI产业的未来发展注入了新的活力。

随着DeepSeek技术生态的不断发展和完善，我们可以预见，一个由AI技术驱动的新未来正在加速到来。在这个未来里，AI将成为我们生活和工作中不可或缺的一部分，为我们带来更加便捷、高效、智能的体验。

1 企业落地范式：DeepSeek推动从“+AI”到“AI+”的路径转换

企业客户对于应用AI技术进行战略转型，正经历着一场前所未有的变革。曾经，“+AI”的模式如同在传统机械上加装智能芯片，试图让老旧的系统焕发新生。然而，随着DeepSeek等先进AI大模型的崛起，一场从“+AI”到“AI+”的范式转换正悄然兴起，引领企业步入一个全新的智能时代。

❶ 从“+AI”到“AI+”：一场认知的颠覆

“+AI”，是指将AI作为补充技术嵌入现有业务流程和系统，以优化效率或解决局部问题。在“+AI”的时代，企业往往是在现有的业务系统和流程中，以升级的方式嵌入一些AI功能，如同在传统画布上添上几笔现代色彩。这种模式虽然能在一定程度上提升效率，但受限于原有系统的框架和算力成本，AI的应用往往浅尝辄止，难以发挥真正的潜力。

“AI+”，是指以AI为核心驱动技术重构企业生产体系，实现全链条智能化升级和业态创新。它不再是将AI作为辅助工具，而是将AI大模型作为企业的数字底座，重新构建企业的业务流程和生态系统。这就像是从搭建一座安装智能空调的小屋，转变为建造一座智能大楼，AI变成了支撑整个建筑的核心支柱。

DeepSeek通过其强大的算力和优化技术，大幅降低了AI大模型的产业落地门槛，使得“AI+”模式得以在企业中快速普及，推动了从“+AI”的折中方案到“AI+”的产业级方案转换。

❷ 是否要进行企业级的“AI+”重构：一场理性的抉择

在决定是否踏上“AI+”的征途之前，企业需要进行全面而深入的评估。这不仅仅是一次技术的升级，更是一场战略的重塑。企业在进行“AI+”评估时需要考虑的几个关键问题：

成本与效益的天平

企业首先需要权衡的是成本与效益。虽然DeepSeek等AI大模型降低了算力成本，但引入“AI+”模式仍然需要投入大量的资金、人力和时间。企业需要评估这些投入是否能够在未来带来足够的回报。这包括提升运营效率、降低成本、增加收入等多个方面。

技术成熟度的考量

AI技术虽然发展迅速，但仍然存在一定的不确定性。企业在引入“AI+”模式时，需要评估所选AI大模型的成熟度、稳定性和可靠性，这就包括模型在产业落地过程中实际表现的准确性、鲁棒性、可解释性等方面问题是否在可以接受的范围内。例如，大模型最先落地实际应用的领域是在“AI办公”领域，因为用户对生成文章材料类任务的容错性很高，可解释性要求偏低，所以是大模型最早的落地领域。

业务场景的匹配度

不是所有的业务场景都适合引入“AI+”模式，企业需要评估自身的业务场景是否与AI大模型的能力相匹配。例如，对于需要处理大量数据和复杂逻辑的场景，如金融风控、智能制造等，"AI+"模式可能带来更加显著的提升。

数据安全与合规的底线

在AI时代，数据安全与合规成为了企业不可忽视的重要问题。企业在引入"AI+"模式时，需要确保所选AI大模型符合相关的法律法规和行业标准，同时保障用户数据的安全和隐私。

2023年，Meta就因违反欧盟"通用数据保护条例"（GDPR）被重罚12亿欧元。欧盟监管机构认定，Meta将欧洲用户数据传输至美国的行为，使数据暴露于美国情报监控风险中，且未采取充分保护措施。尽管Meta提起上诉，但该案凸显了数据主权与跨境合规的复杂性——企业需同时满足不同司法辖区的数据本地化要求，而AI大模型的分布式训练架构可能加剧这一挑战。

❸ 如何进行企业级的"AI+"重构：一场智慧的布局

当企业决定踏上"AI+"的征途后，接下来的任务便是如何规划并实施这一战略。企业级的"AI+"重构，就像一场智慧的探险，以下是这场探险的几大关键基础建设：

企业级灯塔：首先，企业需要树立起一座明确的目标灯塔，统一公司上线的全员共识。这灯塔不仅指引方向，还要与企业整体战略同频共振。它涵盖提升效率、降低成本、增加收入、优化体验等多个维度，为后续的每一步探险提供清晰的指引。

技术装备包：根据目标灯塔的指引，企业需要精心挑选最适合的技术装备。这包括选择合适的AI大模型和落地方案，是使用云端技术服务还是采用本地化部署，硬件租赁还是自购，都要根据预算和需求来定。同时，还要确保这些技术能够与现有业务系统无缝对接。

探险路线图：探险怎能少了详细的路线图？企业需要制订一份

详尽的实施计划，包括时间表、里程碑和责任人等。这份路线图要既可行又灵活，随时准备根据实际情况进行调整和优化。

精英探险队："AI+"的探险可不是孤军奋战。企业需要组建一支精英探险队，他们不仅精通AI技术，还熟悉业务知识，具备项目管理能力。同时，还要建立高效的团队协作机制，确保探险之旅的顺利进行。

持续观察站：探险之旅并非一蹴而就，企业需要设立持续观察站，对项目的进展和效果进行实时监控。一旦发现任何问题或者新的机遇，都要迅速做出反应，进行必要的优化和调整。这样，企业才能不断提升"AI+"模式的效果和价值，让探险之旅更加精彩纷呈。

当"+AI"模式逐渐淡出舞台，"AI+"时代正以前所未有的速度迎面而来。在这场变革中，DeepSeek等领先企业正扮演着重要的角色，推动着AI技术的普及和应用。对于企业而言，抓住这一历史机遇，积极拥抱"AI+"模式，将有望在未来的竞争中占据有利地位。

那么，当DeepSeek全面推动企业从"+AI"向"AI+"转型后，DeepSeek对行业又会进行怎样的再造呢？

2 行业盈利方式：DeepSeek引领的AI企业模型开源应用免费整体发展趋势

在AI领域，DeepSeek的横空出世犹如一条鲇鱼，搅动了整个行业的盈利格局。其开源与免费的策略，不仅引发了国内外AI头部企业的强烈反响，更推动了整个行业向模型开源、应用免费的新趋势迈进。

❶ DeepSeek给行业带来的鲇鱼效应

DeepSeek的发布，以其低廉的价格、高性能以及开源特性，迅速吸引了国内企业的广泛关注。特别是在政府、能源、金融等数据合规性要求高的行业，DeepSeek的本地化部署成为了一种趋势。这一举动，无疑给国内AI头部企业带来了巨大的压力，也促使它们纷纷调整策略以应对市场变化。

百度快速做出调整：2025年3月16日，百度正式发布文心大模型4.5和文心大模型X1，在文心一言官网全面开放免费试用。

与此同时，其他服务商如阿里云、腾讯云、火山引擎等也纷纷宣布上架DeepSeek模型，并推出降价策略。这一系列的市场反应，无疑显示了DeepSeek生态的快速形成，以及新生态下的商业模式探索。

❷ 现有的大型软硬件生态盈利模式分析

在探讨DeepSeek引领的AI企业模型开源应用免费整体发展趋势时，我们先一起回顾整理一下安卓、红帽、Linux等免费生态的盈利模式。这些成功的案例，为理解DeepSeek及其生态企业的盈利方式提供了宝贵的借鉴经验。

安卓生态的盈利模式

安卓系统作为开源操作系统的代表，其盈利模式主要依赖于生态系统的建设。通过提供免费的操作系统，安卓吸引了大量的手机厂商和开发者加入其生态。这些厂商和开发者在安卓系统的基础上开发出各种应用和服务，从而形成了庞大的安卓系统生态。安卓则通过应用商店、广告服务等方式实现盈利。

红帽生态的盈利模式

红帽公司是全球最著名的开源解决方案供应商之一，其盈利模式主要依赖于订阅制的技术支持和服务。红帽通过提供基于Linux的操作系统、存储、中间件、虚拟化和云计算的关键任务软件与服务，赢得了大量企业客户的信赖。客户在订阅期内可以免费享受技术支持和产品更新，从而确保了系统的稳定性和安全性。此外，红帽还通过提供高级技术支持、培训和咨询服务进一步扩大了其盈利渠道。

Linux生态的盈利模式

Linux系统作为开源软件的典范，其盈利模式同样值得借鉴。Linux公司通过提供技术支持、托管服务、限制性许可与开放核心模式等多种方式实现盈利。例如，许多Linux公司通过提供基于Linux系统的云托管服务，不仅为用户带来便捷和高效，同时也从中获得稳定的服务费用。

❸ DeepSeek生态中的三类企业及其盈利模式分析

如果将DeepSeek比作Linux，那么我们可以将DeepSeek生态中的企业大致分为三类：基于DeepSeek大模型的应用开发上下游服务商（类比红帽）、DeepSeek大模型的同类型大模型开发商（类比安卓）、适配DeepSeek大模型的硬件提供商（类比服务器厂商）。

基于DeepSeek大模型的应用开发上下游服务商

这类企业主要围绕DeepSeek大模型提供应用开发、技术支持、培训咨询等服务。它们通过深度挖掘DeepSeek大模型的应用潜力，开发出各种满足企业需求的应用解决方案。同时，它们还提供技术支持和培训咨询服务，帮助企业更好地应用DeepSeek大模型。这类企业的盈利模式主要依赖于服务费用、订阅费用以及可能的定制化开发费用。

DeepSeek大模型的同类型大模型开发商

这类企业主要致力于开发与DeepSeek大模型同类型的大模型，并通过开源或免费的方式吸引用户。它们通过不断优化模型性能、降低成本、提供丰富的API接口等方式，增强自身在市场上的竞争力。这类企业的盈利模式可能包括API调用费用、定制化开发费用、数据销售以及可能的广告收入等。

适配DeepSeek大模型的硬件提供商

这类企业主要提供适配DeepSeek大模型的硬件设备，如GPU、AI加速卡等。它们通过与DeepSeek大模型的深度适配，提供高性能、低成本的硬件解决方案，从而满足企业在AI应用中的算力需求。这类企业的盈利模式主要依赖于硬件设备的销售收入以及可能的售后服务收入。

❹ 围绕DeepSeek可能出现的盈利形式分析

更广泛地，围绕DeepSeek这一现象级产品可能出现的盈利思路可以整理为“B端+C端双重覆盖构建商业闭环模式”，具体表现为：技术平台同时服务开发者和终端用户，数据资产贯穿所有业务线，硬件生态延伸服务场景，教育赋能形成技术扩散的乘数效应。

技术平台与云服务

企业定制模型：DeepSeek提供行业定制模型，帮助不同行业的企业快速部署和优化AI应用。例如，在制造业中，DeepSeek可以根据企业的具体需求，提供定制化的生产流程优化模型，提升生产效率。

优先技术支持：为购买企业级增值服务的客户提供优先技术支持，确保他们在使用DeepSeek时能够迅速解决技术问题，保持业务连续性。

API接口开放（SaaS模式）：通过API接口开放，DeepSeek允许第三方开发者或企业基于其AI能力构建自己的应用。SaaS模式使得用户无须自行搭建和维护复杂的AI基础设施，即可享受DeepSeek带来的智能服务。

云服务收费（算力资源租用）：平台型厂商可以依托云服务能力，向用户提供基于云计算的智能服务。用户通过支付一定的费用来使用这些云端资源，包括算力、存储等。DeepSeek的开源模型在云端部署，能够为用户提供高效、低成本的AI解决方案。

订阅制会员服务（个人用户分层收费）：针对个人用户推出订阅制会员服务，提供基础功能免费使用，同时推出付费会员服务，如高级功能、更快的响应速度等。DeepSeek的开源模型吸引了大量个人用户，平台型厂商可以通过订阅制会员服务实现盈利。

数据驱动的商业变现

广告精准推送（基于用户行为分析）：利用DeepSeek开源应用积累的大量用户数据，进行广告精准推送。通过分析用户的行为模式和兴趣偏好，推送与之匹配的广告内容，提高广告转化率。

数据销售与市场报告（行业洞察产品）：基于用户数据生成市场研究报告和行业洞察产品。DeepSeek的各系列开源模型在数据分析和市场洞察方面具有显著优势，为数据销售和市场报告提供了有力支持。

硬件集成与生态合作

智能硬件销售（设备预装/自有硬件开发）：将DeepSeek集成到智能硬件中，通过设备预装或自有硬件开发实现销售盈利。例如，智能音箱、智能家居设备等可以预装DeepSeek的语音交互功能，提升用户体验；笔记本电脑可以通过预装DeepSeek蒸馏版本和知识库，提供隐私数据的AI本地服务。

图 5-1

联合开发与渠道分成（技术授权/收益共享）：与硬件厂商、软件开发商等合作，共同开发新产品或服务。通过技术授权和收益共享模式，平台型厂商可以从合作中获得持续收益。DeepSeek 的开源模型为联合开发提供了强大的技术支持。

系统集成服务（企业级解决方案交付）：为企业客户提供系统集成服务，将 DeepSeek 的 AI 能力与企业现有的 IT 系统无缝对接。通过提供企业级解决方案交付服务，平台型厂商可以获得稳定的收入来源。

行业赋能与教育服务

AI 技术培训（企业员工能力建设）：为企业员工提供 AI 技术培训服务，帮助他们掌握 DeepSeek 等先进 AI 技术的应用。通过提升员工的 AI 技能水平，增强企业的竞争力和创新能力。

教育智能化方案（自适应学习系统）：开发基于 DeepSeek 的自适应学习系统，为在线教育平台提供智能化的教学解决方案。通过分析学生的学习行为和兴趣偏好，提供个性化的教学内容和进度安排。

行业定制开发及定制培训（垂直领域深度优化）：针对特定行业的需求，提供深度定制化的AI开发服务。DeepSeek的开源模型在垂直领域具有广泛的应用前景，平台型厂商可以通过行业定制开发满足企业的特定需求，并配套输出定制培训服务。

当DeepSeek为行业盈利模式带来了更多可能性，整个产业生态会走向何方呢？

3 产业生态模式：以DeepSeek为中心的软硬件生态加速完善

❶ 第三方云服务平台：全面上线DeepSeek大模型

在DeepSeek的开源战略下，第三方云服务平台成为了响应速度最快的群体。百度智能云作为第三方云服务平台代表，率先点亮“万卡集群[①]”，全面适配DeepSeek模型。开发者可以在百度智能云上轻松获取DeepSeek模型，进行训练、推理等任务。

除了百度智能云以外，华为云、腾讯云、阿里云、京东云等众多第三方云服务平台也纷纷宣布上线DeepSeek大模型，拥抱全新生态。通过引入DeepSeek模型，为自身的业务和服务增添新的亮点和竞争力，已经从可选项变成了必选项。这些平台的加入，不仅扩大了DeepSeek的AI生态规模，更推动了AI技术在各个领域的广

① 万卡集群：由超过一万张加速卡组成的高性能计算系统，用以加速人工智能模型的训练和推理过程。万卡集群的建设旨在解决算力供应问题，并为整个行业提供新的思路和方向。它能够处理大规模的数据和计算任务，支持复杂的人工智能模型的训练和部署。

泛应用。

❷ 第三方应用平台：各类应用全面接入 DeepSeek-R1 模型

在应用平台方面，微信搜索率先接入DeepSeek-R1模型，为用户提供更为智能、便捷的搜索体验。通过接入DeepSeek-R1模型，微信搜索能够更好地理解用户的查询意图和需求，从而为用户提供逻辑性更强、更符合人类思考方式的搜索结果。

随后，百度宣布百度地图、百度搜索也全面上线DeepSeek版服务。知乎旗下AI搜索产品“知乎直答”接入DeepSeek-R1模型，全面升级问答推理能力，支持网页与App双端交互。DeepSeek的“朋友圈”规模越来越大。

❸ 硬件厂商：国产算力硬件服务商的崛起

在硬件厂商方面，DeepSeek的开源战略也激发了国产算力硬件服务商的创意与活力。以昇腾芯片为代表的国产算力硬件服务商，先后宣布适配DeepSeek核心算法，支持DeepSeek全系模型预训练及微调。

昇腾芯片作为国内领先的AI芯片厂商，在DeepSeek生态的构建过程中发挥了重要作用：优化昇腾910B芯片的张量计算单元（Cube Unit），加速MLA机制的矩阵运算与动态内存访问；结合昇腾芯片的动态流水线调度技术，实现计算与内存访问的并行化，降低推理延迟。硬件性能的不断提升，不仅提高了DeepSeek模型的运行效率，也为昇腾芯片在AI芯片市场赢得了更多的竞争优势。

除了昇腾芯片之外，还有众多国产算力硬件服务商也加入了DeepSeek的AI生态。它们通过针对DeepSeek模型进行硬件优化和适配，为AI技术的落地应用提供了更为强大、高效的算力支持。

这些硬件厂商的加入，不仅推动了国产算力硬件的发展与进步，更促进了AI技术在各个领域的广泛应用。

图 5-2

❹ 智能化终端：边缘计算赋能各种穿戴场景

在边缘计算设备方面，特别是智能穿戴场景，DeepSeek的开源战略也催生了众多创新应用。智能眼镜是最快形成消费级产品的智能终端，具有广阔的市场前景和应用潜力。通过集成DeepSeek的小模型，智能眼镜能够实现语音识别、图像识别、自然语言处理等多种功能。

通过智能化穿戴设备，用户可以通过简单的语音指令或手势操作，即可完成各种复杂任务。这种智能化的交互方式不仅提升了用户的使用体验，更为AI技术在消费电子领域的应用开辟了新的道路。

图 5-3

❺ 生态构建模式：参与者自发主动的生态进化

就像本书“第三篇第四章——开源战略：加速AI生态的全新洗牌”中讲到的，DeepSeek的AI生态构建模式与传统大型企业构建其自身生态的方式截然不同。传统大型企业往往通过自身强大的技术实力和市场地位以主动布局的方式，通过长时间的布局耐心培育来构建生态，而DeepSeek则通过技术创新和开源战略，吸引了生态相关方（如开发者、第三方平台和硬件厂商）主动加入DeepSeek生态，激发了整个行业的创新活力。

在DeepSeek的AI生态中，每一个参与者都是生态的建设者和受益者。这种参与者自发主动的生态构建方式不仅提高了生态的质量和速度，更为AI技术的普及和应用带来了更多的可能性。

DeepSeek的开源与免费策略，无疑全面推动了AI技术的普惠化进程，使得更多企业能够进入AI领域参与竞争。那么，AI领域到底又有哪些新的创业机会呢？

4 创业可能形式：DeepSeek拉平多元市场主体起跑线

DeepSeek的开源与免费策略，推动了AI技术的普惠化进程，使得更多企业有了进入AI领域参与创业的机会。然而，创业之路并非坦途，风险与挑战并存。尤其对于海外创业者而言，在拥抱DeepSeek带来的技术红利的同时，也会警惕其潜在的风险。其中，最受关注的风险莫过于DeepSeek产品是否会被相应地区政府禁用。

准确来说，DccpSeek其实有两个核心产品：DeepSeek的App和开源的大模型。这两者在海外市场面临的风险并不相同。

DeepSeek的App，作为直接面向用户的交互界面，其数据收集、处理及传输方式可能引发地区政府对数据隐私和安全的担忧。因此，App存在被禁止使用的风险。事实上，已有多个国家对DeepSeek的App采取了限制或禁止措施，如韩国、意大利、澳大利亚、美国等，这些国家出于数据安全、技术漏洞或地缘政治等因素的考虑，对DeepSeek的App实施了不同程度的封禁。

相比之下，DeepSeek的开源大模型则大概率不会面临同样的禁用风险。开源大模型以开放共享的方式，向全球开发者提供核心技术成果，促进了技术的创新与进步。这种开放性和透明性有助于建立信任，降低政府对数据隐私和安全风险的担忧。同时，开源大模型的应用范围广泛，可以嵌入到各种编程教学和数学解题的研究项目中，为学术界和中小企业提供了宝贵的资源。因此，对于海外创业者而言，基于DeepSeek大模型的创业有更大的可行性。

❶ 安全标准提升：智能安全与安全智能需求激增

图 5-4

DeepSeek遭受恶意攻击事件引发了广泛关注，该事件不仅暴露了当前AI系统面临的安全漏洞，也进一步强化了大众对智能安全问题的关注。在此背景下，大模型的内容安全、模型安全、网络安全、数据安全，以及基于大模型的安全智能化应用需求全面增加，成为行业内外关注的焦点。

内容安全

内容安全在AI应用中占据重要地位，它关乎信息的准确性和合法性。随着AI技术的普及，内容生成和传播的速度大幅提升，但这也带来了内容失实、误导性信息泛滥等问题。在金融、医疗、教育等领域，错误或虚假的内容可能导致决策失误、信任危机等严重后果。因此，内容安全成为了AI应用不可忽视的一环。为解决内容安全问题，一些技术应运而生，如自然语言处理技术用于检测文本的真实性和准确性，以及图像识别技术用于验证图像内容的真实性。同时，建立严格的内容审核机制，确保发布的内容符合法律法规和道德规范，也是保障内容安全的重要手段。

模型安全

模型安全是AI系统稳定运行的基础。模型作为AI系统中的核心组件，其安全性直接关系到系统的整体性能和稳定性。模型安全面临的主要威胁包括模型被篡改、模型参数泄露等，这些威胁可能导致系统无法正确执行预测和决策任务，进而影响业务效果。

为确保模型安全，需要采取多种技术手段。首先，采用加密技术对模型参数进行保护，防止未经授权的访问和修改。其次，建立模型完整性检测和修复机制，通过定期检测和修复模型中的错误和不一致性，保障模型的准确性和可靠性。此外，还可以结合访问控制和审计日志等手段，综合保障模型的安全性。

网络安全

网络安全是AI应用不可或缺的一环。随着AI系统的互联互通，网络安全威胁也日益增多。黑客攻击、病毒传播等网络安全事件可能导致AI系统瘫痪、数据泄露等严重后果。因此，确保AI系统的网络安全至关重要。为解决网络安全问题，需要采用防火墙、入侵检测系统等网络安全技术，对网络流量进行监控和过滤，防止恶意攻击和病毒传播。同时，加强网络访问控制，限制对敏感数据和系统的访问权限，也是保障网络安全的有效手段。

数据安全

数据安全在AI应用中占据核心地位。随着AI技术的广泛应用和数据的不断积累，数据安全问题日益凸显。在金融、医疗、教育等敏感领域，数据泄露和滥用可能带来严重的后果，包括经济损失、隐私泄露甚至生命危险。因此，确保数据安全成为了AI应用的重要任务。为解决数据安全问题，一些创业公司开始专注于提供数据加密、访问控制、隐私保护等解决方案。通过技术手段确保用户数据的安全性和隐私性，有效防止数据泄露和滥用事件的发生。同时，还需要重视数据备份和恢复机制的建设，确保在数据丢失或损坏时能够及时恢复数据，保障AI系统的正常运行。

基于大模型的安全智能化应用

上述大模型安全方面的需求，催生了基于大模型的安全智能化应用层面的更多机遇。大模型具有强大的学习和推理能力，能够在安全领域发挥重要作用。然而，大模型的安全智能化应用也面临诸多挑战，如模型的可解释性、鲁棒性等。这些挑战可能导致模型在面临复杂安全威胁时表现不佳。为解决这些问题，需要采用高解释性技术，使安全专家能够更好地理解模型的决策过程。同时，加强模型的鲁棒性训练，提高模型对噪声和攻击的抵抗力，也是保障大模型安全智能化应用有效性的重要手段。此外，结合领域知识和专家经验，对模型进行定制化开发和优化，也是提高大模型在安全领域应用效果的有效途径。

❷ 企业级服务普及：私有化部署服务成为新标准

随着AI技术的广泛应用和数据安全意识的提高，越来越多的企业开始考虑将AI模型部署在自己的私有云或本地服务器上，以确保数据的安全性和隐私性。然而，私有化部署需要专业的技术和运维支持，这对于许多企业来说是一个巨大的挑战。因此，企业私有化部署服务及运维服务成为了新的创业方向。

企业私有化部署服务的提供商可以为企业提供从模型部署、优化到运维的全方位服务。他们可以根据企业的需求和场景，选择合适的AI模型和架构，进行定制化开发和部署。同时，他们还可以提供模型优化、数据标注、模型训练等一站式服务，帮助企业快速实现AI应用的落地。

除了私有化部署外，运维服务也是企业私有化部署中不可或缺的一部分。由于AI模型的复杂性和不确定性，企业在运行过程中可能会遇到各种问题和挑战。因此，运维服务商可以提供专业的运维支持和服务，确保AI模型的稳定运行和持续优化。

在实际应用中，政府和企业也已开始积极拥抱这一变革。例如，政务服务领域正广泛应用DeepSeek技术，以实现智能化升级。深圳、呼和浩特、无锡、赣州等地的政务系统已完成DeepSeek大模型本地化部署，应用于12345热线智能问答、政策解读、工单处理等场景。深圳福田区引入的70名“AI数智员工”，能够承担咨询类工单的70%处理量，从而显著减少人工干预。江门市则通过训练后的本地化模型（“江门通”），实现互联网端诉求的自动化响应，提升工单匹配效率。此外，DeepSeek技术还被用于推动“一网通办”“跨省通办”模式，以缩小区域服务差异。这些案例不仅展示了私有化部署服务的广泛应用，也体现了AI技术在提升政府服务效率、降低运营成本方面的巨大潜力。

值得注意的是，2025年3月5日，《政府工作报告》起草组成员、国务院研究室副主任陈昌盛在解读《政府工作报告》时指出，要防止出现过多采用私有化部署和项目制的方式，避免市场的碎片化，要尽可能充分发挥大规模应用和快速迭代的优势，真正促进科技创新和市场应用的良性互动。

❸ 消费级应用成为AI创业主战场

随着AI技术的迅猛发展，消费级应用正逐步成为AI创业的热土。这一趋势，不仅源于消费级市场的庞大规模和多样化需求，还得益于AI技术在优化产品功能方面的独特优势，以及国家对消费促进政策的持续推动。

消费级应用市场的特点与机遇

图5-5

消费级应用面向广大消费者，涵盖日常生活的方方面面，如社交娱乐、在线购物、智能家居等。随着消费者对智能化、个性化服务的需求日益增长，AI技术在消费级应用中的前景愈发广阔。创业者可以利用AI技术，开发出更加符合消费者需求的产品和服务，从而在市场中脱颖而出。

端侧与边缘计算助推消费级应用繁荣

DeepSeek通过优化算法和架构，实现了高效低成本的模型推理。这不仅降低了AI技术的应用成本，还使得AI模型能够在端侧和边缘侧设备上运行，从而开辟了更多的应用场景。

端侧设备如手机、平板等移动设备，由于计算资源和电池寿命的限制，往往无法运行大型的AI模型。然而，DeepSeek通过优化模型结构和推理算法，使得AI模型能够在这些设备上高效运行。这不仅提高了用户体验，还为移动端AI应用的发展提供了有力的支持。

图 5-6

例如，在智能手机上，DeepSeek的技术可以应用于智能语音助手、智能相机、智能推荐等场景。用户可以通过语音指令与手机进行交互，获取所需的信息和服务；智能相机可以自动识别拍摄场景和对象，优化拍摄效果；智能推荐可以根据用户的兴趣和行为习惯，推荐相关的内容和应用。

边缘侧设备如路由器、网关等网络设备，也面临着类似的计算资源和能源限制。然而，DeepSeek的轻量化设计使得AI模型能够在这些设备上运行，从而实现了对网络流量的实时监控和分析。这不仅提高了网络的安全性和稳定性，还为智能家居、智能交通等领域的发展提供了新的机遇。

例如，在智能家居领域，DeepSeek的轻量化模型可以部署在智能家居设备上，实现对家居环境的实时监控和控制。用户可以通过手机App或语音助手与智能家居设备进行交互，实现智能化的家居生活；在智能交通领域，DeepSeek的轻量化模型可以部署在车载设备上，实现对交通流量的实时监控和分析。这不仅可以提高交通的效率和安全性，还可以为智能交通系统的发展提供有力的支持。

国家对消费促进的最新政策助力AI创业

近年来，国家出台了一系列促进消费的政策措施，为AI创业提供了有力支持。例如，国家鼓励发展新型消费业态和模式，推动线上线下消费融合发展，这为AI技术在消费级应用中的创新提供了广阔空间。同时，国家还加大了对绿色消费、健康消费等领域的支持力度，引导消费者更加注重品质和服务，这也为AI创业者提供了更多的市场机遇。

国务院常务会议提出：强化消费品牌引领，支持新型消费加快发展，促进“人工智能+消费”、健康消费等，持续打造消费新产品新场景新热点。

此外，国家还通过发放消费券、开展促消费活动等方式，直接刺激消费需求，为AI技术在消费级应用中的落地提供了有力保障。这些政策措施不仅促进了消费市场的繁荣发展，也为AI创业者提供了更多的商业机会和发展空间。

国家鼓励AI技术在消费领域的创新应用

近年来，国家出台了一系列政策，鼓励AI技术在消费领域的创新应用。例如，“新一代人工智能发展规划”明确提出要推动AI技术在智能家居、智能交通、智能医疗等领域的应用，提升消费智能化水平。此外，政府还通过税收优惠、资金支持等措施，激励企业加大在AI技术研发和应用上的投入。

在消费级应用方面，AI技术的应用场景日益丰富，例如：

智能家居领域：通过AI技术实现家庭设备的智能化控制，提升居住舒适度和安全性。

智能交通领域：利用AI技术优化交通管理，减少拥堵，提高出行效率。

智能医疗领域：通过AI技术辅助医生进行诊断和治疗，提升医疗服务质量和效率。

AI技术在消费级应用中的普及，不仅提升了消费者的体验，还推动了相关产业的发展。例如，智能家居市场的快速增长，带动了家电、电子等相关产业的发展；智能交通系统的应用，促进了城市交通管理的智能化和高效化；智能医疗的应用，提升了医疗服务的精准度和便捷性。

消费级应用AI创业的实践案例

在实际应用中，已经有许多AI创业者在消费级应用领域取得了显著成果。例如，智能家居领域的一些创业者利用AI技术，开发出能够智能识别用户语音指令、实现家居设备互联互通的智能家居系统，为消费者提供了更加便捷、舒适的家居生活体验。

2025年2月25日，联想集团在YOGA AIPC新品品鉴活动上宣布，通过深度融合DeepSeek端侧大模型，联想天禧个人智能体系统（天禧AS）迎来重大升级，联想就此成为全球首家在AI PC端侧本地部署和运行DeepSeek大模型的AI终端品牌。

随着国家层面促进消费的政策刺激，产业层面消费级AI产品的持续发布，市场层面消费者对智能化、个性化服务的认知体系逐渐完善，消费级AI应用将成为AI创业的主战场。